Sônia Regina Cassiano de Araújo
Amábile de Lourdes Ciampa
Paulo Marcio da Silva Melo

Humanização dos Processos de Trabalho
Fundamentos, Avanços Sociais e Tecnológicos e Atenção à Saúde

1ª Edição

Av. Dra. Ruth Cardoso, 7221, 1º Andar, Setor B
Pinheiros – São Paulo – SP – CEP: 05425-902

SAC Dúvidas referente a conteúdo editorial, material de apoio e reclamações:
sac.sets@somoseducacao.com.br

Direção executiva	Flávia Alves Bravin
Direção editorial	Renata Pascual Müller
Gerência editorial	Rita de Cássia S. Puoço
Editora de aquisições	Rosana Ap. Alves dos Santos
Editoras	Paula Hercy Cardoso Craveiro
	Silvia Campos Ferreira
Assistente editorial	Rafael Henrique Lima Fulanetti
Produtor editorial	Laudemir Marinho dos Santos
Serviços editoriais	Juliana Bojczuk Fermino
	Kelli Priscila Pinto
	Marília Cordeiro
Preparação de texto	Clara Diament
Diagramação	LE1 Studio Design
Capa	Maurício S. de França
Impressão e acabamento	Forma Certa

DADOS INTERNACIONAIS DE CATALOGAÇÃO NA PUBLICAÇÃO (CIP)
(CÂMARA BRASILEIRA DO LIVRO, SP, BRASIL)

Melo, Paulo Marcio da Silva
  Humanização do processo de trabalho : fundamentos, avanços sociais e tecnológicos e atenção à saúde / Paulo Marcio da Silva Melo, Amábile de Lourdes Ciampa, Sônia Regina Cassiano de Araújo. -- 1. ed. -- São Paulo : Érica, 2014.

  Bibliografia
  ISBN 978-85-365-0865-8

  1. Cidadania 2. Política social 3. Processo de trabalho - Regulação 4. Serviço social 5. Serviço social - Trabalho social 6. Serviço social como profissão I. Ciampa, Amábile de Lourdes. II. Araújo, Sônia Regina Cassiano de. III. Título.

14-07634   CDD-361.3023

Índices para catálogo sistemático:
1. Serviço social : Processo de trabalho profissional   361.3023

Copyright © Paulo Marcio da Silva Melo
2019 Saraiva Educação
Todos os direitos reservados.

1ª edição
3ª tiragem: 2019

Nenhuma parte desta publicação poderá ser reproduzida por qualquer meio ou forma sem a prévia autorização da Saraiva Educação. A violação dos direitos autorais é crime estabelecido na Lei n. 9.610/98 e punido pelo art. 184 do Código Penal.

| CO | 15518 | CL | 640705 | CAE | 584909 |

Sobre os autores

Sônia Regina Cassiano de Araújo é doutora em Ciências pela Universidade Federal de São Paulo (Unifesp), com estudos realizados no Departamento de Psicobiologia e Medicina comportamental. Mestre e graduada em Educação Física, é especialista em Ciências do Esporte pela Universidade de Mogi das Cruzes (UMC). Na área acadêmica, tem experiência de 30 anos como professora, coordenadora e diretora de cursos de graduação e pós-graduação nas áreas de Saúde, Educação, Esportes e Negócios. Possui o Laureate Certificate in Teaching and Learning in Higher Education (Laureate International Universities). Em políticas públicas, participou da implantação de projetos inovadores na Prefeitura Municipal de São Paulo e de trabalhos de gestão de equipes em projetos sociais desenvolvidos em diferentes regiões de alta vulnerabilidade social e comunidade indígena no Brasil. Atualmente está concluindo MBA em Marketing e Vendas, e é sócia-proprietária do ALLsar Instituto de Desenvolvimento e Conteúdo.

Paulo Marcio da Silva Melo é PhD pelo Waterford Institute of Technology (WIT), da Irlanda, com estudos na área de empreendedorismo e inovação nas micro e pequenas empresas de base tecnológica, incubadoras e *startups* no Brasil. É mestre em Negócios Internacionais pela Universidade de Bristol, da Inglaterra, e graduado em Administração pela Universidade Estadual do Ceará (UECE). Tem experiência na área acadêmica como professor e coordenador de cursos de graduação e pós-graduação desde 2000, bem como vasta experiência profissional em empresas no Brasil e no exterior.

Amábile de Lourdes Ciampa é mestre em Comunicação pela Universidade Anhembi Morumbi, pós-graduada em Legislação Financeira e Tributária pela Universidade São Judas Tadeu, especialista em Análise Avançada de Demonstrações Financeiras pela Fundação Getúlio Vargas e graduada em Administração de Empresas pela Unicapital. Tem mais de 26 anos de experiência nas áreas administrativa e de gestão de pessoas, contábil e financeira em empresas de diversos segmentos. Desde 2007, é professora de graduação, pós-graduação e EAD.

Este livro possui material digital exclusivo

Para enriquecer a experiência de ensino e aprendizagem por meio de seus livros, a Saraiva

Educação oferece materiais de apoio que proporcionam aos leitores a oportunidade de ampliar seus conhecimentos.

Nesta obra, o leitor que é aluno terá acesso ao gabarito das atividades apresentadas ao longo dos capítulos. Para os professores, preparamos um plano de aulas, que o orientará na aplicação do conteúdo em sala de aula.

Para acessá-lo, siga estes passos:

1) Em seu computador, acesse o link: http://somos.in/HPT1

2) Se você já tem uma conta, entre com seu login e senha. Se ainda não tem, faça seu cadastro.

3) Após o login, clique na capa do livro. Pronto! Agora, aproveite o conteúdo extra e bons estudos!

Qualquer dúvida, entre em contato pelo e-mail suportedigital@saraivaconecta.com.br.

Sumário

Capítulo 1 - O Ser Social 9

  1.1 A chegada do ser humano 9

    1.1.1 Voltando à "cesta" - vejamos como ela foi preenchida 10

  1.2 Desafios para o ser humano 13

  1.3 O tornar-se humano 14

    1.3.1 Linguagem e comunicação 15

  1.4 Aspectos do desenvolvimento do ser humano.......................................16

  Agora é com você! 20

Capítulo 2 - Sociedade 21

  2.1 A estrutura social: a cegonha, eu, a família e a sociedade 21

  2.2 Sistemas sociais 24

  2.3 Concepções clássicas de sociedade...26

  2.4 Transformações sociais: adeus, cegonha!...27

  2.5 Sociedade civil e sociedade política..31

  Agora é com você! 34

Capítulo 3 - O Mundo do Trabalho 35

  3.1 Significado do trabalho...35

    3.1.1 Trabalho e emprego 36

  3.2 Perspectiva histórica das transformações do mundo do trabalho 37

  3.3 Formação educacional e formação profissional do jovem para o mundo do trabalho 40

    3.3.1 De lá para cá! 41

  3.4 O trabalho humano: dimensões econômica, social e ambiental 44

  Agora é com você! 46

Capítulo 4 - Humanização no Processo de Trabalho 47

  4.1 Entendendo o conceito de humanização..47

  4.2 Entendendo o conceito de processo 52

  4.3 Humanização, qualidade de vida e trabalho 54

  Agora é com você! 58

Capítulo 5 - Humanização da Atenção à Saúde.. 59

  5.1 Introdução ao conceito de humanização em saúde 59

    5.1.1 Sistema Único de Saúde (SUS)..60

  5.2 A Política Nacional de Humanização (PNH)...62

  5.3 Rede HumanizaSUS (RHS) 64

  5.4 Humanização hospitalar 65

    5.4.1 Ambiência hospitalar 66

5.4.2 Ações de humanização na rede SUS 67

5.4.3 Relação dos profissionais de saúde com os pacientes 68

5.5 Grupos de trabalho de humanização 69

Agora é com você! 72

Capítulo 6 - O Trabalho como Mercadoria: Processo de Alienação 73

6.1 O trabalho como mercadoria 73

6.2 O processo de alienação 76

6.3 Capital humano-intelectual 77

Agora é com você! 80

Capítulo 7 - Emprego, Desemprego e Subemprego............................... 81

7.1 Desemprego: o que aconteceu? 81

7.2 Industrialização em declínio 83

7.3 Economia solidária 84

7.4 Saindo da informalidade no mercado de trabalho....................................88

Agora é com você! 90

Capítulo 8 - Qualificação do Trabalho e do Trabalhador 91

8.1 Era uma vez 91

8.2 Qualificação e qualificado..92

8.3 O pensamento sistêmico: base para a qualificação no trabalho 96

8.4 Plano Nacional de Qualificação (PNQ) 97

8.4.1 Bolsa de Qualificação Profissional...98

Agora é com você! 100

Capítulo 9 - O Processo de Globalização e seu Impacto sobre o Mundo do Trabalho......... 101

9.1 Globalização – perspectiva geral..101

9.2 Globalização no Brasil..103

Agora é com você! 106

Capítulo 10 – O Impacto das Novas Tecnologias Produtivas e Organizacionais no Mundo do Trabalho 107

10.1 Novas tecnologias no mundo do trabalho e das pessoas......................107

10.2 O trabalho no século XXI...111

10.3 A inclusão na contemporaneidade 114

Agora é com você! 120

Bibliografia 121

Prefácio

Em pleno século XXI vivemos rápidas e profundas mudanças nas sociedades. É o melhor dos tempos. Vivemos uma época de prosperidade inigualável, graças à ciência e à tecnologia. Muito mais pessoas apreciam uma melhor forma de viver. É só verificar os avanços nos tratamentos de doenças, na agricultura, nos transportes, na comunicação etc.

É também o pior dos tempos. São tempos difíceis, complicados, terríveis até. O mundo não consegue acabar com as guerras. Atualmente há pelo menos dez guerras "particulares". Há uma intranquilidade espiritual, profundos dilemas morais e éticos, tanto é que nos países "desenvolvidos", mais nos "em desenvolvimento", junto com os "subdesenvolvidos" cerca de um bilhão e trezentas mil pessoas vivem na pobreza.

Viver sempre foi muito perigoso. No entanto, é preciso resistir! A esperança é um princípio vital, expresso na sábia e verdadeira constatação comum de que "enquanto há vida, há esperança". A esperança, para nós educadores, é uma educação de qualidade. Sem educação de qualidade, a vida também perde a qualidade.

É certo que a informação está cada vez mais ao alcance de todos. Mas a sabedoria, que é o tipo mais precioso de conhecimento, só pode ser encontrada nos livros. Esse é um bom motivo por que devemos ler. Outro bom motivo é que todo pensamento depende da memória e não é possível pensar sem lembrar. São os livros que ainda preservam a maior parte de nossa herança cultural. Um livro invade a intimidade do ser humano, converte-se em seu companheiro, em transmissor de mensagens resumidas, e permite que cada frase seja lida de acordo com o ânimo que cada pessoa tem em um determinado momento da vida.

A maior maravilha do livro é a capacidade de transformação, de mudança, ou, como o próprio título deste sugere, de humanização, isto é, de tornar-se mais benévolo, mais saudável, com uma cultura capaz de desenvolver as potencialidades da condição humana. A informação dos livros é perpétua, por mais antiga que seja, porque serve para estabelecer certos dados ou certos relatos da memória. Jamais conheceríamos tantas ideias e pessoas se não fossem os livros, e tampouco desenvolveríamos nossa capacidade de conhecer a realidade e formar opiniões.

Balzac dizia: "É tão fácil sonhar um livro quanto é difícil fazê-lo." Ciente dessas dificuldades, gostaria de lembrar que nenhum livro existente no mundo foi criado sem que alguém tivesse sonhado, meditado, planejado com ele, outros acreditado que ele era possível e muitos trabalhado para que ele acontecesse. Que este livro, além de contribuir para habilitar profissionais competentes, possa fomentar nos jovens a cidadania ativa, o espírito crítico, o agir de forma responsável, e possa também colaborar para difundir os valores aceitos universalmente, em particular a liberdade, a paz, a igualdade de direitos, a justiça e a solidariedade, num verdadeiro processo de humanização.

Congratulo-me com todas essas pessoas, em especial os autores, e fico feliz com esta iniciativa de proporcionar aos leitores conhecimentos básicos e necessários para fundamentar nossa verdadeira missão: a de educar.

Prof. Dr. Valdir Barbanti
Escola de Educação Física e Esporte da USP

Apresentação

Amigo leitor, é com satisfação que apresentamos este livro sobre humanização nos processos de trabalho. A obra é o resultado de muita pesquisa e dedicação e, com linguagem simples, pretendemos orientar estudantes e profissionais quanto aos procedimentos e aspectos pertinentes ao tema.

O livro apresenta os principais conceitos relacionados ao tema, como evolução histórica, dados estatísticos, exemplos e passos que podem ser seguidos tanto por profissionais como para aqueles que estão ingressando no mercado de trabalho.

Selecionar os principais temas e apresentá-los com didática e informalidade foram grandes desafios que esperamos ter superado com sucesso.

Aproveitem este material como uma ferramenta de apoio ao seu processo de estudo e formação profissional; explore as sugestões de leitura, filmes e sites indicados; e recorra a ele sempre que surgirem dúvidas.

O livro foi estruturado em dez capítulos, conforme descrito a seguir.

Capítulo 1 – O Ser Social

Com uma linguagem simples e objetiva, começamos estimulando a reflexão sobre a importância do início da vida social do ser humano. O capítulo trata, ainda, do processo de socialização, da influência do convívio social no desenvolvimento do ser humano e das principais características observadas nos diferentes períodos do ciclo da vida, bem como da linguagem como meio de comunicação e interação social.

Capítulo 2 – Sociedade

Aqui retratamos e percorremos conceitos que envolvem os grupos sociais, como se organizam, como estabelecem os sistemas sociais e como se forma o conjunto que conhecemos por sociedade. Neste capítulo destacamos alguns pensadores que contribuíram para o nosso entendimento sobre a sociedade em que vivemos e sobre as principais transformações ocorridas ao longo dos anos.

Capítulo 3 – O Mundo do Trabalho

Este capítulo apresenta aspectos históricos sobre a origem, conceitos e significados atribuídos ao trabalho, suas transformações, as principais características geracionais, sua dimensão econômica, social e ambiental.

Capítulo 4 – Humanização no Processo de Trabalho

Neste capítulo você conhecerá aspectos importantes sobre a questão da humanização nos processos de trabalho. Também entenderá os conceitos de humanização e de processo de trabalho, as possibilidades de humanização a partir do conceito de qualidade de vida e qualidade de vida no trabalho sob a ótica de gestores e organizações inovadoras.

Capítulo 5 – Humanização da Atenção à Saúde

Aprenderemos que a noção de humanização em saúde é ampla e heterogênea, o foco nos avanços e nas contribuições da Política Nacional de Humanização (PNH), o HumanizaSUS, criado pelo

Ministério da Saúde no Brasil e exemplos para estimular o leitor a repensar as ações e como encarar os problemas percebidos.

Capítulo 6 – O Trabalho como Mercadoria: Processo de Alienação

Neste capítulo abordamos as bases do processo de alienação na vida dos trabalhadores, e também do novo cenário do mundo organizacional e no mercado do trabalho quanto à mudança de visão dos trabalhadores, que passam a ser considerados como capital intelectual dentro das organizações.

Capítulo 7 – Emprego, Desemprego e Subemprego

Este capítulo trata da relação entre as transformações do trabalho e das mudanças organizacionais, bem como apresenta dados estatísticos que demonstram taxas de renda, evolução da pobreza e fatores determinantes para a desigualdade e a pobreza. Também aponta as implicações da informalidade na atividade de trabalho e apresenta passos básicos para se sair da informalidade por meio do microempreendimento individual.

Capítulo 8 - Qualificação do Trabalho e do Trabalhador

Começamos contando uma pequena história que remonta ao período industrial, para abrir horizontes reflexivos sobre as mudanças conceituais, procedimentais e atitudinais que fazem parte da vida dos seres humanos em evolução contínua. Em seguida, abordamos a relação entre questões relacionadas à qualificação profissional, no âmbito das competências e das mudanças, e as transformações sociais influenciadas pelo sistema de ensino. Tratamos da importância do pensamento sistêmico no mundo de relações multifatoriais e destacamos o Plano Nacional de Qualificação.

Capítulo 9 – O Processo de Globalização e seu Impacto sobre o Mundo do Trabalho

Este capítulo fala sobre um dos aspectos mais complexos do ambiente de negócios: a globalização, um fenômeno que alterou as relações no mundo; trouxe pressões enormes; eliminou as fronteiras físicas; aumentou a circulação de ideias, produtos e serviços; e elevou os níveis de competitividade, de especialização e de produtividade para trabalhadores e organizações.

Capítulo 10 – O Impacto das Novas Tecnologias Produtivas e Organizacionais no Mundo do Trabalho

Este capítulo finaliza a obra, apresentando como foco principal abordagens sobre como as novas tecnologias influenciaram o comportamento das pessoas e os processos de trabalho dentro das empresas.

Assim, esperamos que o livro seja uma contribuição relevante e proporcione uma boa compreensão da relação entre humanização e o mundo do trabalho. Que o leitor possa aproveitá-lo para enriquecer suas reflexões, esclarecer dúvidas e nortear seus planos de trabalho. Da mesma forma, contamos que este material possa gerar novas ideias, propostas e projetos que promovam a melhoria das relações entre as pessoas, os processos de trabalho, as organizações e o meio em que vivemos, para, assim, ampliar as chances de que a sociedade possa se desenvolver de forma mais humana, equânime e justa.

Boa leitura!

Os autores

1

O Ser Social

Para começar

Neste capítulo estimularemos a reflexão sobre a importância da "chegada", o início da vida social do ser humano. Abordaremos o processo de socialização primária e secundária, levantando questionamentos sobre verdades enraizadas que refletem no comportamento humano. O conceito de paradigma será direcionado à importância de revermos nossos conceitos, crenças e valores, tidos como verdades absolutas, por meio da busca de novos conhecimentos, experiências e educação continuada. Trataremos da influência do convívio social no desenvolvimento do ser humano, das principais características observadas nos diferentes períodos do ciclo da vida, assim como da linguagem como meio de comunicação e interação social.

Bem-vindo, adentre o portal dos seres humanos!

1.1 A chegada do ser humano

Figura 1.1 - A cegonha é uma representação lúdica da chegada do ser humano ao convívio social.

Lenda, fábula ou história cultural, a figura da cegonha como um pássaro que trazia do céu um bebê dentro de uma cestinha e o entregava na casa dos pais escolhidos sempre esteve no imaginário infantil, sendo usada até os dias atuais por adultos que não se sentem à vontade ou seguros para explicar à criança sobre como a fecundação acontece de fato, gerando uma nova vida. Modelos de formação e educação muito rígidos, por vezes, contribuem para explicações extremamente fantasiosas, que podem trazer prejuízos ao processo de desenvolvimento infantil. Nessa figuração, as crianças crescem compartilhando dessa verdade, até que descubram das mais diferentes formas uma nova versão da realidade, uma nova verdade, muitas vezes depois de decorridos muitos anos. Sabemos que as respostas para as perguntas das crianças devem ser adaptadas à faixa etária de cada uma, sem, contudo, deixar de se aproximar da verdade, ou seja, sem criar um imaginário tão espetacularmente fantasioso. O fato é que a história da cegonha é passada de geração em geração, mostrando o quanto a vida do ser humano, apesar dos avanços científicos e tecnológicos, ainda é envolta por mistérios, crenças e costumes aprendidos que geram preconceito e vergonha, criado principalmente por aspectos religiosos rígidos.

Muito bem! Já que a figura da cegonha ainda vive no imaginário de muita gente, vamos aproveitá-la como metáfora para introduzir os conceitos teóricos que explicam como os seres humanos começam a se tornar humanos.

Digamos que nossos pais biológicos tenham encaminhado o material genético que herdamos, e que determinam nossas principais características, e que após a encomenda tivéssemos realmente sido entregues por uma cegonha, que nos deixou de presente a cesta em que nos carregava, para que pudéssemos guardar ali todos os conteúdos aprendidos ao longo de toda a vida. Isso mesmo, todos os dados e informações que se transformariam em conhecimentos, e que serviriam para amparar nossas tomadas de decisão por toda a vida.

> **Lembre-se**
>
> O indivíduo recebe herança genética dos pais biológicos (genótipo) e, a partir da concepção, pelo ato sexual ou pela fecundação artificial (*in vitro*), ele passa a se relacionar e interagir com o meio (fenótipo).

1.1.1 Voltando à "cesta" - vejamos como ela foi preenchida

» **Primeiro momento:** assim que nascemos, fomos entregues aos nossos pais (biológicos ou não), avós, tios, outra pessoa com algum grau de parentesco, ou mesmo aos cuidadores de uma instituição, como orfanatos, creches e outros abrigos infantis, em diferentes circunstâncias. Foram essas pessoas que, naquele momento, começaram, imediatamente, a nos dar as primeiras informações – afinal, nossa cesta de conhecimentos estava vazia. Assim, fomos percebendo e aprendendo que existiam ruídos, sons agradáveis e desagradáveis, alimentos líquidos, depois sólidos, que provocavam diversas sensações e reações, coisas e objetos que nos tocavam, às vezes tecidos finos, macios e frescos, outras vezes mais ásperos e muito quentes, que provocavam sensações de tanto desconforto que até chorávamos de desespero, e, só para nos confundir ainda mais, às vezes nos tiravam as roupas e sentíamos muito frio. Com tanto estímulo, aos poucos nosso sistema neurológico foi se desenvolvendo, e começamos a identificar ruídos, sons, palavras, cheiros agradáveis e odores desagradáveis, toques suaves e fortes, verdadeiros "apertões na bochecha", temperaturas variadas e muito mais. Com esses dados e informações iniciais, aprendemos a comer, a falar, a andar, e, principalmente, a nos relacionar com nossos cuidadores e com as outras pessoas que estavam a nossa volta – a família (biológica ou não). Deu-se assim o processo de socialização primária, que começou a nos preparar para a vida nos sistemas sociais.

Foram as pessoas da família que começaram a encher nossa "cesta de conhecimentos", dizendo e nos mostrando o que é e o que não é, o que pode e o que não pode, o que é certo e o que é errado, e assim sucessivamente, inclusive, nos colocando à mão objetos estranhos que também nos diziam coisas.

Figura 1.2 - Aparelhos tecnológicos fazem parte da vida dos bebês do século XXI.

Ocorre que todas essas informações foram recebidas e guardadas na "cesta" com muito cuidado. Afinal, foram passadas por aqueles de quem dependíamos para sobreviver, e que nos apresentaram as verdades do mundo, com consequente influência em nosso processo de desenvolvimento físico, cognitivo, afetivo e psicossocial.

» Segundo momento - começando o processo de socialização secundária: em alguns casos, fomos levados a uma instituição religiosa, e recebemos novas informações acerca da existência humana, aos centros de saúde com informações sobre prevenção de agravos e cuidados com a saúde, e logo fomos levados a uma instituição diferente, a instituição educacional – a escola. Na escola, nossa "cesta" quase transbordou de dados e informações sobre a vida dos seres humanos, animais, vegetais, histórias da evolução e de povos muito distantes, modos de organização da sociedade, da produção e do consumo, das regras e legislações, sobre ser avaliado e outras centenas de temáticas vividas com experiências teóricas ou práticas, mas que normalmente também foram recebidas e aceitas como "novas verdades".

Somado a tudo isso, vivemos verdadeiras aventuras, na casa do vizinho com diferentes hábitos, costumes e brincadeiras, na feira, no mercado, em todo tipo de comércio de produtos e serviços, além dos mais variados meios de transporte (caminhada, cavalo, bicicleta, carro, barco, avião etc.) e muitos outros lugares e experiências, que, de alguma forma, colocamos como novidades em nossa "cesta de conhecimentos". Toda essa oferta de conhecimentos nos ajuda a compreender o mundo de relações sociais para a vida em sociedade, nosso assunto no segundo capítulo.

» **Alguns anos depois:** por volta do período em que normalmente concluímos o ensino secundário ou ensino médio, nossa "cesta" se encontra quase completa, recheada de informações que foram recebidas como "verdades", principalmente pelas figuras de autoridade da família, da religião e da escola. Estão ali conhecimentos, crenças e valores que nos possibilitam pensar, sentir, decidir e agir com base na seleção, análise, avaliação e escolha das informações e conhecimentos adquiridos, construídos e arquivados na grandiosa "cesta de conhecimentos" - é para dentro dela que olhamos para encontrar as respostas de que precisamos na tomada de decisão e na atitude.

Três perguntas para inquietar:

Figura 1.3 - Revendo paradigmas.

Certamente, todos eles colocaram verdades em nossa "cesta", porém, da mesma forma, todos eles se equivocaram em algum momento e acabaram por colocar informações que recebemos como verdadeiras, mas que de fato não funcionam assim!

Mas se não é bem assim, o que podemos fazer?

Lembre-se

Educação continuada: é aquela que se realiza ao longo da vida, continuamente, é inerente ao desenvolvimento da pessoa humana e se relaciona com a ideia de construção do ser humano. Essa ideia está associada à capacidade de conhecer, ler, escrever, querer saber mais sobre determinados assuntos, trocar informações e experiências saudáveis ao homem, portanto, é uma estrutura que faz parte do cotidiano da vida adulta.

Fonte: SOMERA; SOMERA JUNIOR; RONDINA, 2010.

Figura 1.4 - A capacidade de aprender se dá em todas as idades.

1.2 Desafios para o ser humano

Nosso grande desafio passa a ser, primeiro, olhar para dentro de nossa "cesta de conhecimentos" e confrontar nossas verdades com outras interpretações da realidade, questionar algumas delas, alguns valores bem enraizados lá no fundo, e, segundo, olhar para fora e descobrir as novas verdades que foram surgindo com a evolução histórica dos acontecimentos ao longo dos anos, com o avanço da ciência e da tecnologia, e, terceiro, olhar novamente para dentro e decidir por "quebrar paradigmas", arquivar algumas informações, isso mesmo, arquivar, pois nossa "cesta" não tem a capacidade de enviar um arquivo para a pasta de lixeira e em seguida excluí-la definitivamente como em um computador. Ficaremos com os arquivos obsoletos para sempre, porém podemos arquivá-los e ganhar espaço para novas informações, novos conhecimentos, que irão gerar novos conceitos e formas de pensar e entender a realidade, resultando em mudanças de comportamento, comprometido com a melhoria da qualidade de vida em processo contínuo, começando e recomeçando a cada dia.

Amplie seus conhecimentos

Paradigma: "refere-se a modelo ou a padrões compartilhados que permitem a explicação de certos aspectos da realidade. É mais do que uma teoria, implicando uma estrutura que gera novas teorias, segundo o filósofo e historiador da ciência Thomas Kuhn" (MORAES, 1994).

Antigo paradigma: representação moderna e progressista do desenvolvimento da sociedade industrial clássica, relacionada ao desenvolvimento técnico-científico.

Figura 1.5 - A fumaça nas chaminés representava progresso.

Constatações: a emissão de gases de combustíveis fósseis impacta no aquecimento global – a disposição inadequada de resíduos industriais impacta na contaminação do solo e das águas subterrâneas.

Estudo de caso: no Brasil, existem diversas áreas degradadas pela contaminação dos solos e das águas subterrâneas, como resultado dos modos de produção das antigas indústrias, que colocaram em risco a saúde pública. Um exemplo está na região leste da cidade de São Paulo, no bairro Jardim Keralux, em Ermelino Matarazzo, que ocupa uma área de aproximadamente 211 mil m², sob os escombros da antiga Indústria Keralux. Em 1994, a Secretaria Municipal da Habitação de São Paulo (Schab) tomou conhecimento de que a área estava sendo loteada de forma irregular, e em 1997 técnicos da Secretaria do Verde e Meio Ambiente (SVMA) constataram indícios da presença da substância química BHC (hexaclorociclo-hexano), tendo sido removidas cerca de 122 toneladas de resíduos (65 m³). No entanto, moradores ainda convivem com incertezas e ações de reivindicação do direito à cidadania e gestão do risco (RAMIRES, 2008).

Necessidade de uma ruptura do paradigma.

Novos paradigmas a partir de novas descobertas.

Figura 1.6 - A chaminé se transforma em obra de arte.

Quando um indivíduo não aceita que existem outras verdades além das suas, aumentam as chances de que se faça uma avaliação crítica do outro. Essa avaliação pode ser distorcida, dando lugar aos chamados estereótipos, que atribuem características de comportamento de algumas pessoas, como se essas características determinassem o que a pessoa é como um todo. Nesse contexto, ampliam-se as possibilidades de iniciar-se um processo de discriminação, de rejeição do "outro" que julgamos diferente, e que pode muitas vezes culminar em atos de violência contra aquele diferente, que não segue os padrões das minhas verdades, tidas como as únicas verdades. As incidências prevalentes em casos de violência ocorrem por questões de gênero, etnia e perfil profissional (homossexuais, negros, garis, etc.)

Exemplo

Em março de 2006, o programa televisivo *Fantástico* exibiu, ao longo de 53 minutos ininterruptos, o documentário *Falcão*, produzido pela Central Única das Favelas. O documentário permitiu que, pela primeira vez, adolescentes e jovens identificados correntemente como "marginais" e "criminosos" tivessem voz ativa em um programa de grande audiência da televisão brasileira. Permitiu que eles falassem por si próprios, explicitando questões na maior parte das vezes permeadas por forte carga de preconceito e estigma, que, até então, habitavam de maneira difusa – e confusa – o imaginário social coletivo. Um dos resultados mais imediatos desse documentário foi pôr em curso algumas medidas que já vinham sendo identificadas pelo governo em função de demandas já apresentadas pela sociedade e por movimentos sociais. Para o caso particular da situação retratada pelo documentário, foi a ênfase em ações mais direcionadas para a violência contra jovens de espaços populares dos grandes centros urbanos que ganhou destaque. (LANNES; EDMUNDO; DACACH, 2009)

1.3 O tornar-se humano

O caráter humano, o fator determinante para o ser, tornar-se humano, não depende apenas das características físicas, do componente biológico ou da capacidade de falar e se diferenciar dos outros animais da natureza, mas da estreita relação com a convivência em grupos de pessoas e das formas de aprendizado vivenciadas, principalmente ao longo dos primeiros anos de vida.

Alguns estudiosos observaram e analisaram as consequências e alterações ocorridas em crianças que cresceram isoladas do convívio com outras pessoas ou que viveram na selva em companhia de animais. Dois casos reais são destacados na literatura: o caso Kaspar Hauser (ver adiante sinopse do filme) e a história do menino lobo, Victor de Aveyron, que foi abandonado após seu nascimento e que viveu na mata sem relações com humanos até aproximadamente os 11-12 anos de idade, momento em que foi encontrado na região de Aveyron, na França, no ano de 1800. O menino não falava, expressava apenas sons mais identificados como grunhidos, andava em quatro apoio como os quadrúpedes e se assustava com a presença e o assédio das pessoas. Um médico humanista, Jean-Marc-Gaspard Itard, foi incumbido de cuidar do caso, com a perspectiva de que um eficiente método pedagógico daria conta de promover seu aprendizado para inserção social. No entanto, após cinco anos, Victor tinha aprendido apenas uma palavra, "leite". Com base nos relatórios do Dr. Itard, o cineasta francês François Truffaut fez o filme *L'Enfant Sauvage*.

Figura 1.7 - Representação de criança em isolamento social.

> **Fique de olho!**
>
> Sugestão de filme: *O enigma de Kaspar Hauser*, de Werner Herzog (1974).
>
> Sinopse: Em maio de 1828, em uma praça da cidade de Nuremberg, o adolescente Kaspar Hauser, com 15-16 anos de idade, foi encontrado com uma carta na mão, informando que ele havia sido criado em um porão, sem nenhum contato com pessoas. Ele não conseguia entender o que as pessoas falavam e dizia uma única frase "quero ser cavaleiro". Também andava com dificuldade. Considerado um "garoto selvagem", foi estudado pelas autoridades da época, experimentou a vida de relações, mas tudo lhe parecia muito estranho, a fala das pessoas, a dimensão espaçotemporal, enxergava na escuridão, ouvia gritos no silêncio, tinha reações muito diferentes das pessoas de Nuremberg. Conseguiu aprender a falar, a andar e a escrever, mas nunca foi considerado "igual" aos "outros", sendo visto apenas como um "animal domesticado", pois sua percepção da realidade não lhe permitia compreensão, apesar de inúmeras e vãs tentativas que não superaram a falta das práticas sociais. No filme, a humanização, entendida como socialização, se dá pela prática social, que permitiria a obtenção de referenciais dos hábitos, costumes e significados culturais necessários ao processamento mental que gera o aprendizado significativo. Kaspar Hauser morreu supostamente assassinado com uma facada no peito.

1.3.1 Linguagem e comunicação

Entender as alterações que ocorrem ao longo da vida do ser humano, dos pontos de vista físico/biológico, cognitivo e psicossocial, não é suficiente para a compreensão de como o ser se torna social. Também é importante compreender como ele se relaciona com o outro. Isso começa pela linguagem utilizada para representar ideias, pensamentos e emoções, para comunicar-se, por meio da combinação de um conjunto de signos (símbolos) que se modificam em função do contexto histórico e das características, hábitos e costumes de cada grupo social em que o indivíduo está inserido.

As formas de linguagem utilizadas para comunicação podem ser verbais (fala ou escrita), não verbais (gestos, imagens, desenhos, movimentos etc.) ou mistas (integram a verbal e a não verbal).

Figura 1.8 - Símbolos não verbais transmitem mensagens.

Todas essas formas de linguagem permitem que as pessoas possam trocar informações, compartilhar experiências e, assim, renovar conceitos, estabelecer novos paradigmas e modificar atitudes diante das diversas situações cotidianas. Outro fator importante está relacionado às exigências de qualificação profissional para o mercado de trabalho, cada vez mais exigente quanto ao domínio da língua materna, da língua inglesa e até de uma terceira língua para enfrentar a competitividade global. As possibilidades de novas intervenções sociais, a partir das interações entre pessoas, grupos ou comunidades, são diversas, e quanto mais diversas forem as redes de relacionamentos, maiores serão as possibilidades de desenvolvermos novos conhecimentos e habilidades para lidar com as mais diferentes situações, na vida pessoal, social ou profissional.

> **Fique de olho!**
>
> Sem o contato humano, não se consegue ser humano de fato!
>
> A interação social é fundamental para tornar-se humano!

1.4 Aspectos do desenvolvimento do ser humano

Os estudos sugerem que nossa capacidade de interagir com outros seres vivos e promover mudanças conceituais, procedimentais e atitudinais que beneficiem o bem-estar coletivo, de acordo com as necessidades de cada período histórico, é o que nos torna realmente humanos. E, como humanos que somos, "Somos gente que não nasce pronta e vai se gastando; gente nasce não pronta e vai se fazendo". (Dica: leia o livro *Não nascemos prontos*, de Mario Sérgio Cortela).

Nessa ótica, o desenvolvimento humano não se dá apenas na infância, passando pela adolescência e terminando quando o indivíduo se torna adulto; muito ao contrário, nascemos e vamos nos desenvolvendo ao longo de todo o ciclo da vida. A cada ano que passa, as pessoas vivem novas e diferentes experiências que resultam em percursos diferentes dos outros períodos já vividos. Essas experiências podem se diferenciar por fatores biológicos em função das alterações que ocorrem naturalmente com o processo de envelhecimento, por fatores psicológicos, que estão relacionados à forma com que o indivíduo utiliza os conteúdos cognitivos "de sua cesta" e, a partir deles, como lida com a solução de problemas, ou, ainda, por modificações sociais, relacionadas à forma de organização cultural da sociedade, seja por questões políticas, econômicas ou tecnológicas, ou, ainda, por acontecimentos que fogem à previsibilidade, aqueles que não podemos prever, como transtornos de saúde na família, perda de entes queridos, catástrofes que envolvem toda uma comunidade, e outras que, de uma forma ou de outra, deixam marcas que promovem modificações e alterações comportamentais. Existem diversas abordagens e teorias sobre o desenvolvimento humano, entre elas a abordagem em que o indivíduo tem papel ativo em seu desenvolvimento. O ambiente modela sua vida em função das várias estruturas e estímulos vindos da escola, da direção da escola e suas normas, dos valores e das crenças. Outra abordagem implica o desenvolvimento orientado geneticamente, podendo ocorrer intervenções por ações individuais que vão moldando o indivíduo, ao longo da vida. Já na teoria da ação e do controle pessoal, o desenvolvimento dependeria de uma atuação individual e social envolvida por crenças, valores e expectativas, no meio em que vive, ou seja, o indivíduo se empenharia em atingir objetivos de desenvolvimento, selecionando ou criando condições, de acordo com seus interesses e capacidades.

De modo geral, os estudos concentram-se em aspectos do desenvolvimento físico, cognitivo, afetivo e psicossocial como partes integrantes de todo o comportamento humano. São diversos recortes com as mais variadas especificidades. No entanto, essas divisões e subdivisões são construtos sociais importantes para aprofundar os estudos, estabelecer metodologias e recursos pedagógicos, desenvolver modelos específicos de interesse, entre outros. Nesse sentido, em 2009, os estudiosos Papalia e Feldman afirmaram: "Não há nenhum momento objetivamente definível em que uma criança se torna adulta ou um jovem se torna velho."

Quadro 1.1 - Exemplo dos principais aspectos do desenvolvimento humano

Desenvolvimento Físico (motor)	Desenvolvimento Cognitivo	Desenvolvimento Psicossocial (pessoal e social)
» Alterações físicas nas estruturas corporais: membros, órgãos, cérebro, sistemas metabólicos. » Capacidades físicas: força, flexibilidade, velocidade. » Habilidades motoras: movimentos reflexivos, rudimentares, fundamentais e especializados (arrastar, engatinhar, caminhar, correr, saltar, lançar, chutar, equilibrar, girar, driblar etc.	» Alterações mentais que envolvem processos de aprendizagem, memória, linguagem, pensamento, reflexão e julgamento. » Raciocínio lógico-matemático, dedutivo, indutivo. » Lida com paradoxos, probabilidades, análises e previsões, resolução de problemas e escolhas, criatividade etc.	» Mudanças na personalidade que envolvem compreensão das emoções e das formas de lidar com situações que levam a pensar, sentir e agir, resultando em comportamentos que podem ser passivos, agressivos ou assertivos. » Identificação de gênero, senso de identidade, estabelecimento de relações sociais e de vínculos afetivos. » Lida com confiança e desconfiança, coragem e medo, autonomia e dependência, intimidade, isolamento, culpa e vergonha, motivação, perdas e ganhos etc.

Amplie seus conhecimentos

David Gallahue, doutor em desenvolvimento humano e educação especial da Universidade de Indiana, nos Estados Unidos, concentra esforços no estudo do desenvolvimento motor. Nesse recorte, ele afirma que a promoção da atividade física desde o nascimento é fundamental para que a criança, conhecendo seu corpo e identificando como ele se move no espaço, e, ainda, explorando suas habilidades de locomoção, manipulação e estabilização, desenvolva suas estruturas de cognição que irão facilitar as atividades que exigem cognição, como no aprendizado escolar, por exemplo. Nesse sentido, o autor defende que: "a educação física escolar tem importante papel no desenvolvimento da criança, assim como a prática regular de atividades físicas é fundamental para o desenvolvimento humano ao longo do ciclo da vida."

Para obter mais informações sobre o tema, acesse o link: <http://educarparacrescer.abril.com.br/comportamento/precisamos-mexer-junto-criancas-643019.shtml>.

O entendimento das bases teóricas do desenvolvimento humano é amplamente estudado e fortalecido pelas estruturas institucionais que têm por finalidade olhar para o desenvolvimento das pessoas a partir de uma ótica global, que favoreça o desenvolvimento das nações, como a Organização das Nações Unidas (ONU). O conceito de desenvolvimento humano adotado no Plano das Nações Unidas para o Desenvolvimento (Pnud) entende o ser humano como ator principal no processo de desenvolvimento de uma sociedade, de forma que transfere o foco do crescimento econômico e da renda para a pessoa, o próprio ser humano. Assim, o processo de escolha das pessoas deve ser ampliado nos sistemas e políticas públicas, para que elas possam ampliar suas capacidades e oportunidades para serem aquilo que quiserem ser. Ou seja, o crescimento econômico depende de as pessoas poderem desenvolver todos as suas capacidades e habilidades, principalmente físicas, cognitivas e psicossociais. Assim, poderemos avançar para fortalecer os processos de desenvolvimento humano e social sustentável.

Amplie seus conhecimentos

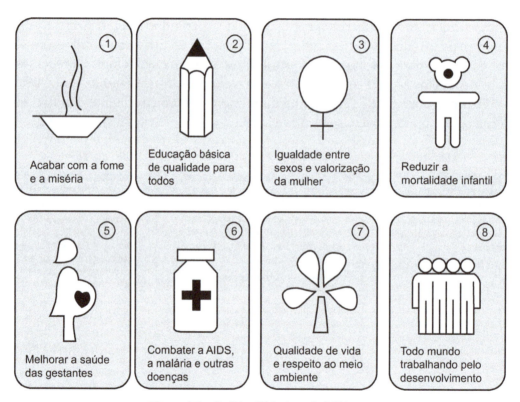

Figura 1.9 - Os Oito Objetivos do Milênio.

Procure conhecer as agendas do Pacto Global das Nações Unidas. Em 2000, o Brasil participou desse encontro, que reuniu 147 líderes mundiais na Cúpula do Milênio da ONU, que assumiram o compromisso de alcançar os Objetivos de Desenvolvimento do Milênio (ODM) até 2015. Trata-se de um conjunto de oito metas, cujo objetivo é tornar o mundo um lugar mais justo, solidário e melhor para se viver. Em maio de 2014, a Rede Brasileira do Pacto Global das Nações Unidas participou de evento promovido pelo Pnud e pela Secretaria Geral da Presidência da República, realizado em Brasília, quando foi discutida a Agenda Pós-2015: a construção dos Objetivos de Desenvolvimento Sustentável (ODS). As áreas prioritárias escolhidas pelo setor privado para os Objetivos do Desenvolvimento Sustentável são: Prosperidade e equidade; Educação; Empoderamento da Mulher e Equidade de Gênero; Saúde; Alimentos e Agricultura; Água e Saneamento; Energia e Clima; Paz e Estabilidade; Infraestrutura e Tecnologia; Boa Governança e Direitos Humanos.

Para mais informações sobre os objetivos, acesse <hppt://www.pnud.org.br>.

Vamos recapitular?

Neste capítulo, vimos que nos tornamos humanos a partir das relações de interação, por meio das diferentes formas de linguagem, que nos possibilitam comunicar-se, e assim, desencadear um processo de aprendizagem e troca de experiências com outras pessoas. São justamente essas vivências sociais que nos dão a oportunidade de desenvolvermos nossos potenciais físico, cognitivo e psicossocial.

Vimos também que esses momentos de aprendizagem e desenvolvimento da socialização primária se dão inicialmente no grupo familiar, seja essa família biológica ou não, guiados por princípios éticos e afetivos que foram estabelecidos nos primeiros anos de vida e que exercerão forte influência no comportamento humano. Em seguida abordamos a socialização secundária, caracterizada pela vida de relações em diferentes grupos sociais, sejam eles escola, trabalho, igreja, vizinhança local ou grupos formados em redes virtuais por meio de novas tecnologias, ampliando o leque de conhecimentos geradores de novas ideias, conceitos, capacidades e habilidades que marcam definições e alterações de comportamento e promovem reflexos na sociedade, por isso ressaltamos a necessidade de revermos constantemente nossos paradigmas.

A importância da convivência social também foi exemplificada com dois casos reais de isolamento social, da mesma forma que a linguagem foi retratada como fator determinante para manifestação das necessidades, pensamentos e emoções, para favorecer a compreensão dos significados da realidade e para estabelecer relações sociais marcantes e duradouras refletidas na forma de valorizar a si mesmo, ao outro, aos outros e ao ambiente em que vive, ou seja: o mundo - o meu mundo – o seu mundo – o nosso mundo.

Os aspectos do desenvolvimento físico, cognitivo e psicossocial nortearam a compreensão das principais características dos indivíduos nas diferentes etapas da vida, com consequente mudança de comportamento ao longo de todo o ciclo da vida. Encerramos apresentando a importante visão da ONU sobre o conceito de desenvolvimento humano focado na pessoa do indivíduo, que poderá contribuir para o desenvolvimento social da humanidade, se tiver oportunidade de desenvolver suas capacidades e habilidades em potencial.

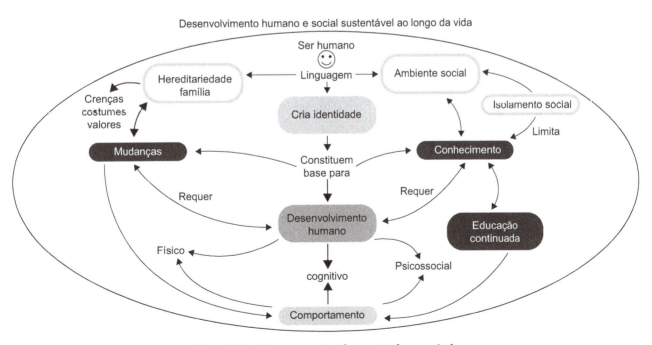

Figura 1.10 - Mapa conceitual resumindo o capítulo.

Agora é com você!

1) Olhe para dentro de sua "cesta de conhecimentos", reflita, formule e escreva em poucas linhas seu conceito de desenvolvimento humano.

2) Você acredita que a família biológica ou os adultos que nos assistem quando nascemos são responsáveis pelo processo de aprendizagem nos primeiros anos de vida, e que são essenciais ao convívio social na vida adulta? Justifique sua resposta.

3) A partir da reflexão sobre a frase "somos gente que não nasce pronta e vai se gastando; gente nasce não pronta e vai se fazendo", de Mário Sérgio Cortela, descreva os principais aspectos do desenvolvimento humano.

4) Como o desenvolvimento das pessoas pode influenciar o desenvolvimento das nações?

2

Sociedade

Para começar

Agora, você é convidado a percorrer alguns conceitos que envolvem os grupos sociais em relação a aspectos de como se formam, como se organizam, estabelecem os sistemas sociais e formam o conjunto que conhecemos por sociedade. Destacaremos alguns dos pensadores que contribuíram para melhorar nosso entendimento sobre a sociedade em que vivemos, seus problemas sociais, mas também seus avanços, tanto na forma de pensar como de agir. Assim, para finalizar, refletiremos sobre as principais transformações que foram ocorrendo na sociedade ao longo dos anos e que abriram espaço para que atualmente tenhamos dado "adeus à cegonha" e ampliado nossa visão de mundo. Vamos encarar os novos desafios, incluindo as questões que envolvem a humanização no processo de trabalho e que iremos ampliar nos próximos capítulos deste livro.

Vamos caminhar!

2.1 A estrutura social: a cegonha, eu, a família e a sociedade

Partindo do pressuposto no Capítulo 1, de que nosso processo de socialização primária começou quando fomos entregues pela "cegonha" a uma família formada por um grupo de pessoas, às vezes com traços genéticos semelhantes, mas distintos entre si, vamos, agora, caminhar pelos conceitos de grupo, grupo social, estrutura social, sistema social e sociedade, para assim podermos avançar nas contribuições teóricas e práticas da humanização no processo de trabalho.

O estudo científico da sociedade se dá pela sociologia, que nos ajuda na busca de compreender as interações sociais, os padrões e as mudanças de natureza social, assim como os problemas sociais que afetam a humanidade. Desde que chegamos ao mundo, nos tornamos atores de uma forma de organização social já existente, com uma estrutura formada, uma cultura comum estabelecida e diversas instituições em funcionamento.

Figura 2.1 - Diversidade étnico-cultural.

Lembre-se

A cultura é:

» transmitida pela herança social. O indivíduo aprende cultura no grupo social, e não por herança biológica. Cada geração transmite às gerações seguintes a cultura do grupo, por meio do processo de socialização;

» compreende a totalidade das criações humanas. Inclui ideias, valores, manifestações artísticas de todo tipo, crenças, instituições sociais, conhecimentos científicos e técnicos, instrumentos de trabalho, tipos de vestuário, alimentação, construções etc.

» uma característica exclusiva das sociedades humanas. Os animais são incapazes de criar cultura.

Fonte: DIAS, 2010, p.67.

Como vimos, embora uma série de padrões esteja consolidada, os seres humanos continuam se desenvolvendo ao longo da vida, quebrando paradigmas e promovendo mudanças pessoais que ao longo do tempo geram mudanças sociais em pequenas comunidades, grandes cidades ou nações. A menor organização social possível é formada pela interação entre duas pessoas; a partir daí surgem os grupos. Os primeiros grupos sociais foram formados porque o homem logo entendeu que sozinho não conseguiria sobreviver aos predadores, mas, com outros, poderia aumentar sua chance de obter êxito durante a caça para seu sustento. Começou ali o conceito de grupo social, um agregado de "gente" que se encontra em um determinado espaço no tempo, que se agrupa por diversos motivos, às vezes com objetivos comuns, mas sem necessariamente compartilhar dos mesmos ideais, já que possuem diferentes histórias de vida, individualidades e interesses. Nesse sentido, cabe aqui pontuarmos a necessidade de uma "certa" coesão entre os membros de um mesmo grupo social, ou seja, deve haver um certo equilíbrio entre suas intencionalidades individuais e as posições ocupadas por cada um. Por meio de suas ações diante do outro, e do equilíbrio no uso dos recursos da linguagem para expressar pensamentos, sentimentos ou emoções, principalmente nas negociações diante das regras, pode-se caminhar do diálogo ao conflito. Assim, cada grupo social acaba por definir regras e padrões de comportamento que lhe conferem uma identidade de grupo, ocupando um território comum, e com uma cultura comum, em que cada um tem o seu papel, ocupa uma determinada posição e administra as demandas de interesse coletivo, para minimizar conflitos e evitar a desarticulação do grupo. São esses grupos estruturados e em funcionamento que formam uma sociedade.

Reflita!
Na última atividade que realizei em grupo, fomos um grupo de trabalho, uma equipe de trabalho ou fomos um time?

Em relação ao trabalho, você já ouviu falar em grupos, equipes e times? Qual é a diferença entre eles?

» Grupo de trabalho: pessoas com funções definidas, que trabalham fisicamente no mesmo espaço, mas que apresentam problemas de comunicação, falta de clareza de objetivos do que está sendo realizado, desconhecem a filosofia e os propósitos da instituição de ensino ou da empresa, não compartilham dúvidas ou experiências, apenas realizam suas tarefas, quase que automatizados. Normalmente, a competitividade é acirrada, resultando em promoção do desempenho individual em detrimento do sucesso da organização como um todo.

» Equipe de trabalho: todos os membros do grupo (vendas, contabilidade, marketing etc.) trabalham em sistema de colaboração. A comunicação é aberta, se unem em torno de um mesmo objetivo, somam suas habilidades e competências, se sentem motivados pelos mesmos ideais de conquista, compartilham ideias e experiências, planejam as ações e vibram juntos, porque a vitória é de todos.

» Time de trabalho: o conceito vem da área esportiva. Seria formar equipes com pessoas competentes e talentosas, independentemente de suas afinidades, como no futebol, por exemplo, em que os jogadores são selecionados pelas capacidades físicas, habilidades técnicas e experiências. Contudo, outra referência do futebol deve ser adotada: a do *fair play*, ou "jogo limpo" - GOL!

De acordo com Montanari (2011), uma classificação dos grupos com base no seu modo de funcionamento e grau de maturidade é apresentada por Katzenbach e Smith (1994) e Drucker (2001):

» Pseudoequipe: este tipo de grupo pode definir um trabalho a ser feito, mas não se preocupa com o desempenho coletivo nem tenta consegui-lo. As interações dos membros inibem o desempenho individual, sem produzir nenhum ganho coletivo apreciável.

» Grupo de trabalho: os membros deste grupo não veem nenhuma razão para se transformar em uma equipe. Podem partilhar informações entre si, porém responsabilidades e objetivos, por exemplo, pertencem a cada indivíduo.

» Equipe potencial: este grupo quer produzir um trabalho conjunto. No entanto, os membros precisam de esclarecimentos e orientações sobre sua finalidade e objetivos.

» Equipe real: uma equipe real compõe-se de poucas pessoas, mas com habilidades complementares e comprometidas umas com as outras por meio de missão e objetivos comuns. Os membros passam a confiar uns nos outros.

» Equipe de alta performance: este grupo atende a todas as condições de equipe real e tem um comprometimento profundo entre seus membros, com o intuito de crescimento pessoal de cada um.

2.2 Sistemas sociais

Vimos então que os grupos sociais são formados por membros familiares, amigos, colegas de trabalho e tantos outros que se constituem de maneira espontânea para uma atividade imprevista ou planejada, dando origem aos grupos organizados em sistemas sociais.

As diferenças de hábitos, costumes e crenças de cada indivíduo, de cada grupo social, somadas às necessidades de obtenção dos recursos necessários para a sobrevivência (alimentação, moradia, segurança, transporte, cuidados com a saúde, educação etc.), sofrem alterações no curso das ações, gerando o que chamamos de "problemas", e que por sua vez necessitam resoluções que favoreçam a todos. Dessa forma, os vários grupos sociais se organizam, formando uma estrutura dotada de mecanismos que estabelecem funções e papéis sociais, regulam as ações e buscam atender às necessidades dos indivíduos, em uma dinâmica de múltiplas interações e constantes alterações adaptativas. Assim, entende-se que um sistema é um produto da ação humana, portanto, consciente, que reúne elementos coerentes, ordenando-os e organizando-os de forma que os resultados sejam voltados a atingir objetivos coletivos. Um determinado conjunto de sistemas sociais forma uma sociedade (veja exemplos na Figura 2.2). O estudo sistemático e científico das relações sociais, que tenta compreender a formação, a estrutura e o funcionamento dos grupos sociais, bem como dos problemas sociais de uma sociedade, é a sociologia, termo criado a partir das tentativas intelectuais do filósofo e matemático francês Auguste Comte (1798-1857), para unificar os estudos em ciências humanas.

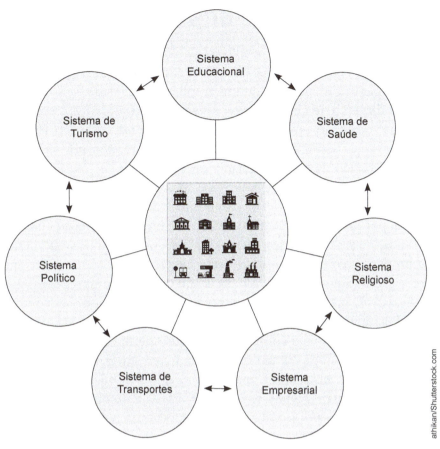

Figura 2.2 - Destaque de alguns sistemas sociais.

> **Fique de olho!**
>
> Sistema Nacional da Educação (SNE)
>
> Qualidade, melhoria e valorização da Educação Brasileira
>
> Em 2010, o Brasil realizou a 1ª Conferência Nacional de Educação (Conae), com o tema "Construindo o Sistema Nacional Articulado de Educação: o Plano Nacional de Educação, Diretrizes e Estratégias de Ação" – PNE-2011-2020, na perspectiva da democratização, da universalização, da qualidade, da inclusão, da igualdade e da diversidade. Foram realizadas diversas discussões municipais, intermunicipais, estaduais/distritais, com representantes de entidades da sociedade civil e da sociedade política, considerando assim a expressão das opiniões dos diferentes grupos, entidades de classe, estudantes, profissionais da educação, pais/mães/responsáveis por estudantes, diversos segmentos e diferentes setores da sociedade. Durante a Conferência, foi aprovada a expressão Sistema Nacional de Educação, no texto constitucional, pela EC nº 59/2009, na parte que altera o art. 214: "Art. 214. A lei estabelecerá o Plano de Educação, de duração decenal, com o objetivo de articular o Sistema Nacional de Educação [...]", assim como a realização de conferências nacionais de educação a cada quatro anos. A II Conae, em Brasília, em 2014, foi aprovada pelo Fórum Nacional de Educação (FNE), criado pela Portaria nº 1.407/2010 e alterado pela Portaria nº 502/201, com os objetivos específicos de:
>
> 1. Acompanhar e avaliar as deliberações da Conferência Nacional de Educação/2010, verificando seu impacto e procedendo às atualizações necessárias para a elaboração da política Nacional de Educação (SNE).
>
> 2. Avaliar a tramitação e a implementação da PNE na articulação do Sistema Nacional de Educação (SNE) e no desenvolvimento das políticas públicas educacionais. (CONAE, 2010; 2014)

2.3 Concepções clássicas de sociedade

Olhando para trás, lá pelos idos do século XIX, e analisando as concepções de sociedade, a forma de se organizar e conceber as relações entre as pessoas, destacam-se três personalidades intelectuais que contribuíram para o "pensar" questões sobre a sociedade: um deles, Émile Durkhein, contribuiu para o entendimento de que, quando nascemos, a "cegonha" nos entregou à família (biológica ou não), em uma sociedade, em um determinado momento histórico. Essa sociedade já teria um modelo de organização com regras e normas estabelecidas, e, portanto, nada poderíamos fazer. A nós caberia aprender o que estava determinado, seguir as normas, regras e ordens impostas, ou seja, obedecer e fazer escolhas no âmbito do que essa sociedade permitiria, caso contrário, as punições também já estavam previstas. Outro importante pensador foi Karl Marx, que defendia que a sociedade era formada por grupos heterogêneos, visivelmente diferenciados e agrupados em classes sociais. Nessa concepção, uma das classes sociais seria a dos indivíduos que detinham o controle sobre os meios de produção, como máquinas e ferramentas; a outra seria a dos que, não tendo os equipamentos para a produção, ocupavam a posição de operários-empregados, que executariam o trabalho em troca de salário. Sua corrente teórica inspirou vários processos revolucionários no início do século XX, como Rússia, China, Cuba, Vietnã e como é o caso da Rússia, da China, de Cuba, do Vietnã e da Coreia do Norte. Citamos ainda o pensamento de Max Weber sobre a sociedade, para quem o sistema de poder não estaria somente relacionado aos governantes e à propriedade de bens e riquezas. Para Weber, haveria no mínimo mais três formas de poder: 1.Tradicional, representada pela própria família, pelos demais grupos sociais formados na escola, nas empresas, entre outros, que exerceriam o poder, pela força dos costumes e tradições, como o poder de alguns pais sobre os filhos. 2. Carismático, em função de traços pessoais de alguns indivíduos, que mesmo sem violência são capazes de submeter outros à sua vontade. 3. Racional-legal, pelas diretrizes estabelecidas nas transações governamentais e empresariais, com o objetivo de tornar os modos de organização administrativa mais rápidos e eficazes.

Quadro 2.1 - Clássicos da concepção de sociedade

Pensadores Clássicos	Concepção de sociedade	Princípios fundamentais
Auguste Comte (1798 – 1857)	» Primeiro pensador que sistematizou o pensamento sociológico, aproximando a ciência de natureza física do mundo social. Criou o termo sociologia. » Sociedade formada por partes integradas e em funcionamento organizado.	» Amor como princípio » Ordem como base » Progresso como fim
Émile Durkhein (1858 – 1917)	» Quando nascemos, a sociedade já está pronta e seremos moldados por ela – a sociedade está acima do indivíduo. » Leis sociais para manutenção da ordem pelo bem comum (conjunto de regras e normas). » Classes sociais justificadas pelas ocupações profissionais (divisão social do trabalho). » Objeto de estudo é o fato social (fenômenos coletivos, "coisas", tudo que se produz na sociedade).	» Continuidade » Conservação » Ordem » Equilíbrio e harmonia » Divisão do trabalho social

Pensadores Clássicos	Concepção de sociedade	Princípios fundamentais
Karl Marx (1818 – 1883)	» A sociedade é modelada pelas formas de produção, transformação do mundo pelo trabalho e relação com os meios de produção; » A sociedade não é um todo harmônico – é um conflito entre capital e trabalho (capitalista e proletário). » Cabe ao trabalhador transformar a realidade.	» Capitalismo: acúmulo de lucro = elite/*status* social » Proletariado » Organização de trabalho » Dominação e exploração
Max Weber (1864 – 1920)	» Regras, padrões e normas se transformam nas relações sociais. » O indivíduo e suas motivações são priorizados. » Ação humana: o indivíduo é responsável por seus êxitos e fracassos, portanto, por sua posição na classe social.	» Formalização: regras, rotinas e procedimentos por escrito » Burocracia » Hierarquia » Impessoalidade nas relações

2.4 Transformações sociais: adeus, cegonha!

Se em um passado muito distante, na tentativa de perpetuar os conhecimentos adquiridos, o homem registrava esses conhecimentos fazendo pinturas rupestres nas paredes das cavernas, depois em objetos e artesanatos em pedra e ferro, até conseguir produzir o papiro (primeira forma de papel), em nossa primeira década do século XXI já podemos arquivar informações nas nuvens: isso mesmo, um sistema de computação nas nuvens, o *cloud computing* (ver Figura 2.3). A computação nas nuvens é uma forma de armazenar arquivos na Internet, fora do seu computador ou de um servidor próximo, de forma que você pode acessá-los de onde estiver, em qualquer lugar no mundo, e começar a trabalhar no texto que estava digitando. Suas informações estarão acessíveis da mesma forma que as deixou, daí a utilização da metáfora "nas nuvens".

Figura 2.3 - Evolução dos meios de registrar informações.

Assim, ao longo da história da civilização, ao mesmo tempo em que fomos ampliando nosso entendimento sobre os fenômenos da natureza, controlando nossos medos durante a caça de animais e a coleta de vegetação para nos alimentarmos, fomos desenvolvendo habilidades e competências para criar, produzir e reproduzir ferramentas de comunicação e trabalho, alterando, sempre que necessário, os modos de organização da vida pessoal, social e laboral. Essas mudanças são contínuas e impactam diretamente nas relações humanas, na economia e nas políticas públicas, criando assim novos modelos de organização, novos modelos de produção, novas metodologias de ensino e aprendizagem, novas estratégias de comercialização e tecnologias cada vez mais avançadas em produtos e serviços, caracterizando em cada período novos perfis de sociedade. O Quadro 2.2 apresenta três grandes períodos históricos, seus tipos de sociedade e as tecnologias básicas que marcaram importantes transformações sociais, e obviamente colaboraram para que disséssemos adeus à cegonha.

Quadro 2.2 - Tipos de sociedade em períodos históricos marcantes para a humanidade

Período histórico	Tipo de sociedade	Tecnologias
Agrícola Canicula/Shutterstock.com	Sociedade agrícola: além do plantio, destacam-se algumas atividades profissionais realizadas no espaço da residência e imediações, como costureiras, sapateiros, padeiros e outras. O trabalho de crianças para ajudar a família era considerado uma atividade normal.	» Enxada, machado etc. » Martelo, arado etc. » Animais domésticos. » Carroça. » Navio.
Industrial posscriptum/Shutterstock.com	Sociedade industrial: boa parte da produção agrícola passa a ter como objetivo abastecer as indústrias e as vilas de trabalhadores que começaram a se formar perto das grandes indústrias, na forma de produtos industrializados. Aumentam a especialização profissional, a diversidade cultural e a desigualdade social.	» Energia elétrica. » Máquinas. » Motor a vapor. » Motor a explosão. » Locomotiva, automóvel. » Telégrafo, telefone. » Rádio e TV.
Pós-industrialização ou conhecimento isak55/Shutterstock.com	Sociedade da informação/conhecimento: novas tecnologias eletrônicas que facilitam a organização de dados, transformando-os em informações rapidamente aplicadas, geram novos conhecimentos. Destaca-se o crescimento dos serviços em maior escala, valorizando assim o conhecimento teórico, técnico e especializado.	» Computadores. » Satélites. » Dispositivos de telecomunicação. » Internet. » Tablets, smartphones, e-books etc.

Em resumo, o mundo vive em constantes mudanças, que geram crescimento e desenvolvimento e resultam em transformações sociais. Durante o processo dinâmico da vida em sociedade, surgem os modelos organizacionais voltados ao bem-estar coletivo, mas que dependem das ações humanas, podendo resultar em problemas sociais, como aumento da violência, abandono, pobreza, aborto, alcoolismo, prostituição, discriminação, poluição, desmatamento, erosão do solo etc., que desorganizam a estrutura existente, exigindo uma nova organização.

Ficou confuso? reflita sobre as situações 1 e 2!

» Situação 1: com 1 ano de idade, Renato já tinha 70 cm de estatura, andava, corria, falava quase tudo e adorava brincar com outras crianças. Aos 16 anos, ele se transformou em um jovem atleta. Sua família teve de se mudar de residência e adotar novos hábitos para facilitar seu treinamento.

» Situação 2: com 1 ano de idade, Pedrinho já tinha 70 cm de estatura, andava, falava muito pouco e tinha medo de brincar com outras crianças, ficava assistindo TV o dia inteiro. Aos 16 anos, transformou-se em um jovem tímido, sedentário e obeso. Sua família mudou-se para uma residência bem próxima a um parque municipal com pista para caminhada e também adotou novos hábitos alimentares para facilitar seu tratamento.

» Conclusão: Renato e Pedrinho tiveram o mesmo crescimento em termos de estatura corporal, mas o processo de desenvolvimento de seus sistemas orgânicos, além do fator genético, foi muito diferente. Não sabemos como se deu o acesso à educação de qualidade, à alimentação adequada e nem se tiveram oportunidades de vivenciar atividades culturais, físicas, esportivas e de lazer. Sabemos menos ainda sobre as relações sociais que tiveram com os pais, professores, amigos virtuais e tantas outras não menos importantes. Mas podemos afirmar que para se transformarem em jovens extrovertidos e fisicamente ativos ou introvertidos e sedentários houve uma série de fatores que exerceram forte influência durante todo o processo de crescimento e desenvolvimento. Assim, o indivíduo nasce, cresce, desenvolve habilidades e competências físicas, cognitivas e psicossociais. (ver Figuras 2.4, 2.5 e 2.6).

Figura 2.4 - Crescimento em estatura (quantitativo).

Figura 2.5 - Desenvolvimento motor/habilidade para escrever (qualitativo).

Figura 2.6 - Transformação pelo crescimento e desenvolvimento.

Voltando!

Em 1950, fazia apenas cinco anos que a Organização das Nações Unidas (ONU) havia sido criada, e a estimativa da população mundial era de aproximadamente 2,6 bilhões de pessoas. Em 2014 são 7 bilhões de pessoas, com uma estimativa de que em 2050 chegará a 9,6 bilhões de pessoas, habitando um planeta que continua com a mesma extensão geográfica. Como vimos, a sociedade foi se organizando ao longo de sua história, estabelecendo sistemas de produção, gestão e controle, e criando também novas tecnologias. Assim, foi desenvolvendo suas capacidades e habilidades de produzir conhecimentos que geraram inovações importantíssimas para o desenvolvimento humano e social. Ocorre que o funcionamento das organizações sociais depende de coordenação e planejamento em todos os níveis, que são administrados por pessoas, com suas diferentes formas de pensar, sentir e agir. Algumas dessas pessoas estão com a sua *cesta de conhecimento* sempre aberta e se renovando, enquanto outras a têm hermeticamente fechada, guiando-se por crenças profundamente enraizadas (ver Figura 2.7). Dessa forma, os avanços científico e tecnológico favorecem o desenvolvimento de novas tecnologias, mas nem sempre é suficiente para atender às demandas do rápido crescimento populacional, como alimentação, habitação, água potável, meios de transporte, tratamento para doenças, entre outras necessidades, que geram problemas graves como contaminação do solo e dos lençóis freáticos, assoreamento de rios, poluição, mudanças climáticas etc.

ou

Figura 2.7 - Representação da "cesta" de conhecimento fechada ou aberta.

2.5 Sociedade civil e sociedade política

A sociedade civil é formada por indivíduos e grupos, organizados ou não, que tomam decisões com base em seus valores, interesses e cultura, de forma autônoma, independentemente dos limites do Estado. Em caso de conflitos e contradições, normalmente buscam soluções por meio da persuasão e da pressão, dependendo das dinâmicas práticas dos movimentos, individuais ou coletivos. Já a sociedade política é aquela organizada para prover as necessidades de habitação, educação, saneamento básico etc., e estabelece relações de poder, uma vez que cria as regras, normas e leis, executa as políticas públicas e julga os casos conflitantes e de interesse público. De modo geral, podemos dizer que os problemas sociais, econômicos, religiosos ou ideológicos ocorrem na sociedade civil, levando essa mesma sociedade a se manifestar de diferentes formas. Na intermediação de conflitos e busca de soluções, minimização ou eliminação dos problemas, entram as organizações da sociedade política. No Brasil, as mudanças na sociedade civil começaram a se tornar mais evidentes no início da década de 1970, a partir do surgimento de várias associações com interesses ora generalistas, ora focados em necessidades locais, como educação, saúde, entre outras, principalmente nas grandes cidades como Porto Alegre, São Paulo e Belo Horizonte, e que, de certa forma, colaboraram para o avanço do processo de democratização do país. Observe as diferenças entre sociedade civil e sociedade política na Figura 2.8.

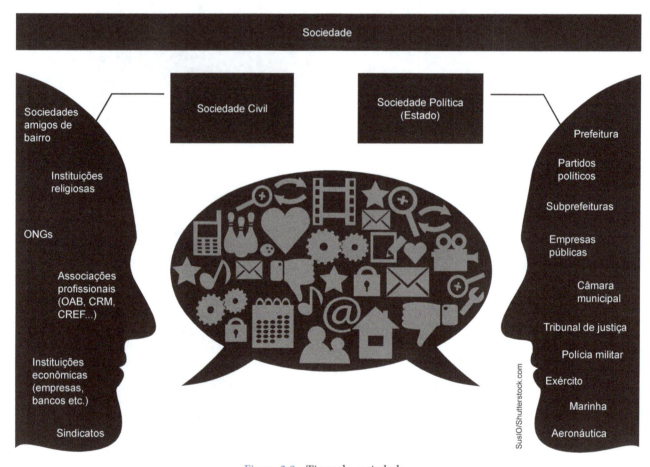

Figura 2.8 - Tipos de sociedade.

O conjunto de movimentos, associações e organizações em torno de questões de interesse coletivo possibilita a formação de uma cultura política capaz de ampliar os limites da sociedade política e fortalecer o sentido de democracia. No entanto, é necessário que os representantes institucionais também estejam imbuídos do propósito de aproveitar o potencial desses engajamentos sociais, evitando barreiras sociais que podem excluir pessoas por suas características físicas, religião, padrão econômico, etnia e outros. Somente na perspectiva da inclusão poderão efetivamente aperfeiçoar e inovar as políticas públicas, promovendo o desenvolvimento do país.

Amplie seus conhecimentos

Em fevereiro de 2014, foi lançado na sede das Nações Unidas, em Nova York, o Relatório Global CIPD para Além de 2014, sobre o progresso, as diferenças, os desafios e as questões emergentes em relação ao programa de ação da CIPD, destacando-se os ganhos de desenvolvimento a partir dos últimos 20 anos. O secretário-geral das Nações Unidas, Ban Ki-moon, e o Diretor Executivo e subsecretário-geral das Nações Unidas, Babatunde Osotimehin, alegaram a necessidade de que os governos cumpram as leis para proteger os mais pobres e mais marginalizados, incluindo adolescentes e mulheres vítimas de violência, bem como as populações rurais. O relatório também destaca que o número de pessoas que vivem em extrema pobreza em países em desenvolvimento caiu drasticamente, de 47% em 1990 para 22% em 2010. No entanto, estima-se que cerca de 1 bilhão de pessoas que vivem nos 50-60 países mais pobres do mundo irá estagnar se o resto do mundo ficar mais rico. De acordo com Ki-moon, esse sucesso não chega a todos em igualdade, muito ao contrário: as desigualdades sociais persistem na efetivação de direitos e acesso a serviços vitais. Em algumas comunidades mais pobres ao redor do mundo, a expectativa de vida continua inaceitável, pois cerca de 800 mulheres por dia ainda morrem no parto, da mesma forma que 222 milhões de mulheres não têm acesso a métodos contraceptivos e planejamento familiar.

A ONU possibilita que as ONGs interessadas se associem ao Departamento de Informação Pública (DPI), do Secretariado da ONU, ou junto ao Conselho Econômico e Social (Ecosoc). Além disso, muitas agências das Nações Unidas possuem programas próprios de associação com ONGs que sejam relevantes para sua área de atuação. Para saber, mais visite <http://www.onu.org.br/a-onu-em-acao/a-onu-e-a-sociedade-civil/>

Vamos recapitular?

Embora a desigualdade social sempre vá existir em algum grau de diferenciação, porque as pessoas são diferentes e dessa forma têm diferentes desejos e necessidades materiais, emocionais ou afetivas, nosso principal desafio é ser capaz de lidar com as incertezas, nossa única certeza. Vivemos momentos de profundas e rápidas mudanças, ocorridas com a mesma velocidade em que as informações nos chegam, são processadas, e exigem o arquivamento de alguns conceitos, ao mesmo tempo em que novos paradigmas são construídos, geram mudanças de comportamento e desencadeiam ações que impactam na vida das pessoas, no meio ambiente, nas condições do planeta... Ufa!

O tema é um processo em movimento e requer muito estudo, mas podemos arriscar uma conclusão - construir uma sociedade que consiga alcançar um modelo equilibrado para o funcionamento de todos os sistemas, de modo que os resultados de suas ações contribuam para a vida em sociedade de forma mais digna, equânime, igualitária em direitos ao acesso a informação, alimentação, moradia, saúde, educação, lazer, respeito pelos direitos humanos etc. requer um *novo pensar*. Um pensar que coloque a valorização da vida no mesmo patamar dos valores econômicos, a começar por políticas públicas capazes de amparar inovações nos processos de trabalho, na forma de valorizar pessoas e na forma de lidar com os recursos naturais e o meio ambiente. Alcançar um equilíbrio entre as necessidades fisiológicas, de segurança, as sociais, as de *status* e estima e a necessidade humana de autorrealização, além de considerar as necessidades da economia mundial, com seus contrapontos entre demanda e oferta, autonomia de mercado e regulação macroeconômica, continua sendo um grande desafio para a humanidade. No entanto, se conseguirmos manter nossa *cesta de conhecimentos* aberta, nosso potencial criativo certamente transformará ideias em produtos e serviços que possam aumentar as chances de que nossas necessidades sejam supridas, garantir que as futuras gerações também tenham a mesma oportunidade para viver em sociedade, e garantir a diversidade cultural, para que cada um possa expressar suas ideias, pensamentos e emoções e viver com e em diferentes grupos sociais.

Sociedade

Figura 2.9 - Mapa conceitual que resume o capítulo.

Agora é com você!

1) Como você define grupo social?

2) Na prática, qual a diferença entre grupo de trabalho e equipe de trabalho? Exemplifique.

3) Que relação você poderia fazer entre sociedade organizada e exclusão social?

4) De acordo com o relatório global da Conferência Internacional sobre População e Desenvolvimento para Além de 2014, da ONU, o número de pessoas que vivem em extrema pobreza em países em desenvolvimento caiu drasticamente, de 47% em 1990 para 22% em 2010. No entanto, estima-se que cerca de 1 bilhão de pessoas que vivem nos 50-60 países mais pobres do mundo irá estagnar se o resto do mundo ficar mais rico. Considerando esses dados, reflita sobre a sociedade brasileira e descreva o papel da sociedade civil e da sociedade política para evitar o retrocesso.

3

O Mundo do Trabalho

Para começar

Neste capítulo, faremos um rápido passeio histórico a fim de conhecer a origem do conceito negativo atribuído ao trabalho. Em seguida, abordaremos aspectos relacionados às transformações ocorridas no mundo do trabalho e as principais características geracionais em diferentes períodos históricos de nossa sociedade. Também, apresentaremos dados que demonstram a importância da formação educacional e profissional de jovens, tanto para a cidadania como para o mundo do trabalho. Por fim, apresentaremos aspectos relacionados às suas dimensões econômica, social e ambiental.

Vamos trabalhar!

3.1 Significado do trabalho

» Aonde você vai, papai?

» Trabalhar.

» Trabalhar pra quê?

» Pra comprar brinquedos, ora bolas! Pensa que dinheiro nasce em árvore? Dinheiro não cai do céu!

Certamente, em algum momento da vida, você ouviu um pequeno diálogo semelhante a esse, e, vamos concordar, para a criança essa explicação é excelente para que ela comece a odiar esse *tal* de trabalho, que a afasta da presença dos pais e das pessoas que poderiam lhe fazer companhia, para brincar o dia inteiro. Em seu universo infantil, o mundo do trabalho pode ser encarado como um mundo muito mau, porque, além da ausência dos entes queridos, nem sempre traz os brinquedos que ela deseja, assim... Que raiva desse mundo do trabalho! Infelizmente, ao longo da história, o conceito de trabalho foi sendo acumulado de sentidos negativos, cheio de significados que geraram aversão e sentimentos de obrigação, fardo, cansaço, sofrimento, separação dos entes queridos etc.

Na antiguidade, passamos pelo trabalho entendido como uma atividade impura, desprezível, e que, portanto, só caberia ser realizado pelos escravos. Em seguida, na Idade Média, era tido como servidão, uma forma de servir aos senhores que podiam oferecer terras para moradia e sustento. Nesse sentido, o trabalho seria arduamente um bem, uma forma de estar protegido pelos donos das terras, de forma diferente da escravidão, uma vez que na relação senhor-servo, o servo era livre para sair das terras quando quisesse, desde que não tivesse dívidas para com o senhor dono das terras. Na idade moderna, também passamos pela concepção do trabalho como bênção divina. Essa concepção tem origem no movimento chamado calvinismo, calcado nas teorias do protestante João Calvino (1509-1564), para quem o acúmulo de riqueza por meio do trabalho honesto era justificado pela bênção de Deus. O trabalhador calvinista se sentia "um dos escolhidos", o "predestinado", motivo pelo qual, cada vez mais, impelia-se aos esforços do trabalho para agradar a Deus. Essa concepção reforçou o capitalismo, já que acumular riqueza significava ter trabalhado muito, o que era do agrado de Deus. Com o avanço nas tecnologias de informação e comunicação, surgem novas versões para o significado do trabalho.

3.1.1 Trabalho e emprego

Em nosso dia a dia, é comum ouvirmos as pessoas falarem de trabalho e emprego como se fossem a mesma coisa. Na verdade, isso pode não nos causar nenhum problema, a menos que desvalorizemos o trabalho daqueles que não trabalham com um contrato com uma pessoa física ou jurídica que, tendo os meios de produção, paga pelo trabalho realizado por outras pessoas. Isso mesmo, esta é a principal diferença entre trabalho e emprego: uma relação formal entre quem organiza e quem realiza o trabalho. O conceito de emprego começou a se desenvolver na idade moderna, quando, além das organizações familiares que vendiam seus produtos artesanais nos mercados, surgiram as oficinas de aprendizagem, em que os aprendizes começaram a receber algum dinheiro, além de alimentação e moradia. No entanto, a noção de emprego realmente tomou forma na idade contemporânea, mais precisamente no período industrial, momento histórico em que as indústrias avançam em terras de plantio e o sistema de produção agropecuário substitui parte da mão de obra por máquinas e novas ferramentas, para além do arado. Como vimos no capítulo anterior, estamos caminhando em meio a novas formas de organização social, e, assim, o trabalho é parte integrante e essencial em toda sociedade, seja para produzir os elementos necessários à sobrevivência, seja na organização das tarefas ou na distribuição das riquezas produzidas. A cada período, em cada sociedade e suas variantes culturais, o valor atribuído ao trabalho vai se modificando, e pode ter um significado especial que se diferencia de pessoa para pessoa, na medida em que necessitem trabalhar para ganhar dinheiro e suprir suas necessidades de sobrevivência ou para obter satisfação e realização pessoal. Agora, estamos caminhando em meio a novas transformações nas relações entre trabalho e emprego - na idade pós-contemporânea, os pais já podem trabalhar em casa ou no lazer.

Figura 3.1 - Trabalho, tecnologia e emprego.

> **Fique de olho!**
>
> O *Dicionário do Pensamento Social do Século XX* (OUTHWAITE; BOTTOMORE, 1996) apresenta um leque de conceitos discutidos nas ciências sociais, e vai da filosofia às teorias e doutrinas políticas, às ideias e aos movimentos culturais, considerando, ainda, a influência das ciências naturais.
>
> » Trabalho: é o esforço humano dotado de um propósito, e envolve a transformação da natureza por meio do dispêndio de capacidades físicas e mentais.
> » Emprego: é a relação estável, e mais ou menos duradoura, que existe entre quem organiza o trabalho e quem realiza o trabalho. É uma espécie de contrato no qual o possuidor dos meios de produção paga pelo trabalho de outros, que não são possuidores do meio de produção.

3.2 Perspectiva histórica das transformações do mundo do trabalho

No período agrícola, além do plantio, destacam-se algumas atividades profissionais realizadas no espaço da residência e suas imediações, como as costureiras, sapateiros, padeiros e outros. O trabalho de crianças para ajudar a família era considerado uma atividade normal. Já no período industrial, com o surgimento das grandes indústrias e a demanda por mão de obra, o aumento no número de trabalhadores dentro das indústrias, incluindo o aumento marcante de mulheres, foi significativo, tanto em termos do espaço físico, que foi deixando as residências para as indústrias, como em termos de tempo, pois o relógio passava a pressionar a busca pela maior produção, no menor tempo possível. Consequentemente, foram realizadas diversas alterações e adaptações nos sistemas de produção. O comércio para os novos produtos avançou consideravelmente, da mesma forma que a necessidade por mão de obra qualificada e novas reivindicações operárias.

No Brasil, no ano de 1912, durante o quarto Congresso Operário Brasileiro, constituiu-se a Confederação Brasileira do Trabalho (CBT), que em 1930 veio a se tornar o Ministério do Trabalho, Indústria e Comércio, que foi sendo reestruturado ao longo dos anos, até que em 1999 passou à denominação atual: Ministério do Trabalho e Emprego (MTE). Naquele momento, as principais reivindicações à CBT eram:

> [...] promover um longo programa de reivindicações operárias: jornada de oito horas, semana de seis dias, construção de casas para operários, indenização para acidentes de trabalho, limitação da jornada de trabalho para mulheres e menores de quatorze anos, contratos coletivos ao invés de contratos individuais, seguro obrigatório para os casos de doenças, pensão para velhice, fixação de salário-mínimo, reforma dos impostos públicos e obrigatoriedade da instrução primária. (MTE, 2014)

Avançando para a segunda metade do século XX, período pós-industrialização, a sociedade da informação, ou sociedade do conhecimento, começa a assistir ao avanço social da globalização. Com o aumento desenfreado da produção e da circulação de bens, destaca-se o crescimento dos serviços em maior escala, exigindo nova divisão do trabalho e atingindo todas as sociedades no mundo, inclusive aquelas de governo socialista, como China, Cuba, Coreia do Norte e Vietnã.

Assim, novos desafios foram impostos, o conhecimento teórico, técnico e especializado foi valorizado, de forma que a principal ferramenta de trabalho passou a ser a tecnologia intelectual.

As novas necessidades por mão de obra especializada chocaram-se com a realidade do sistema educacional, que em alguns lugares no mundo não andou na mesma velocidade, inclusive no Brasil. Um importante estudioso da educação, o filósofo, antropólogo e sociólogo francês Edgar Morin, em sua obra *A cabeça bem-feita: repensar a reforma, reformar o pensamento*, aborda as barreiras do conservadorismo às necessárias mudanças no sistema de ensino diante das novas tecnologias de informação e comunicação (TICs). O autor propõe a reforma do pensamento e das instituições, deixando o modelo de educação centrado na mera transmissão de conteúdos descontextualizados, ou seja, acumulando informações fragmentadas do contexto geral. Nesse pensamento, o estudante acumularia ou empilharia uma grande quantidade de conteúdos, sem necessariamente conseguir pensar, selecionar, estabelecer conexões e fazer uma relação com sua vida prática, principalmente na resolução de problemas reais. Assim como Morin, o educador brasileiro Paulo Freire, em seu ensaio "Educação como prática da liberdade", explica sua concepção pedagógica em contraposição à pedagogia tradicional, ocupando-se de defender o aprimoramento das capacidades intelectuais dos

Lembre-se

Comunismo: doutrina que defende o fim da divisão da sociedade em classes sociais, a abolição da propriedade privada dos meios de produção e o fim do Estado (após um período de transição, o proletariado exerceria o governo, submetendo a burguesia sob o seu domínio – a essa fase transitória, os comunistas chamam "socialismo"). O lema que exprime com clareza a doutrina é "de cada um segundo sua capacidade, a cada um segundo sua necessidade".

Socialismo: compreende doutrinas e movimentos políticos que têm como objetivo uma sociedade em que não exista a propriedade privada dos meios de produção e que se identificam na defesa dos interesses dos trabalhadores.

Figura 3.2 - O martelo e a foice são símbolos do comunismo.

Fonte: DIAS, 2010. p. 359; 369.

estudantes, para uma autonomia do pensamento capaz de lidar com a complexidade da vida como um sistema.

O progresso científico dos estudos do cérebro e do pensamento está a cada dia ampliando concepções acerca da maneira como percebemos os conteúdos disponibilizados no aparato cerebral e a maneira como aplicamos esses conteúdos na prática da vida. Esses estudos colaboram para novos posicionamentos em vários setores da vida, inclusive diminuindo a distância entre o trabalho, o emprego e a qualidade da vida.

Nesse sentido, embora a evolução da estrutura cerebral e da forma de pensar e interpretar a realidade seja dependente dos diferentes tipos de sociedade, cultura, formas de estímulos e experiências vividas, podendo, ainda, se dar de forma mais rápida ou mais lenta que o avanço tecnológico, os seres humanos têm conseguido se posicionar perante o trabalho. Enquanto na era industrial o lema era "viver para trabalhar", as novas gerações adotaram uma nova bandeira: "trabalhar para viver", e já trabalham sem estar fisicamente presentes no local de trabalho, por meio da Internet (ver características geracionais no Quadro 3.1).

O fato é que o século XXI entrou com modificações que se solidificaram de maneira muito rápida. Nossas bisavós jamais poderiam imaginar que micro-ondas "invisíveis" estariam agindo em uma porção de carne a ponto de assá-la, sem uma única faísca de fogo, seja pelo uso do carvão ou do gás natural. Também, não conseguiriam conceber a ideia de falar com um parente distante por meio de um pequeno aparelho, o telefone, sem nenhuma fiação. Isso mesmo: o que nos parece hoje cada vez mais natural era há pouco mais de 25 anos simplesmente inconcebível. No passado, eram necessários muitos e muitos anos de estudo para o surgimento de uma inovação tecnológica. Da invenção do telefone, no final do século XIX, para o surgimento do primeiro computador pessoal, o Apple I, na década de 1970, transcorreram 100 anos, enquanto na atualidade todos os dias podemos nos deparar com inovações espetaculares, que tornam as anteriores rapidamente obsoletas (ver Figura 3.3). Todas essas mudanças despertaram novos anseios e estimularam o empreendedorismo, principalmente dos jovens, que a cada dia buscam novos caminhos, aproveitam oportunidades e administram o próprio negócio. Na velocidade em que a cultura empreendedora está avançando, em pouco tempo estaremos diante de uma nova visão de mundo do trabalho em sua relação trabalho-emprego. Voltaremos a tratar desse novo cenário no Capítulo 7.

Quadro 3.1 - **Características comportamentais em diferentes períodos**

Período/Geração	Algumas experiências vividas	Características comportamentais
1945/60 1963 Baby boomers	» Segunda Guerra Mundial » Movimentos feministas (direitos trabalhistas, flexibilidade no horário de trabalho e licença-maternidade)	» Educação rígida, regras padronizadas, busca pela estabilidade no emprego, status e ascensão profissional, foco em resultados, carreira acima de tudo. » Workaholics (pessoas viciadas em trabalho). » Dois perfis de jovens: os disciplinados aceitavam as normas dos pais, estabilizavam-se no trabalho e constituíam família. Os rebeldes transgrediam as regras, usavam cabelos compridos, lideravam movimentos estudantis contra as ditaduras.
1961 – 1980 Geração X	» Guerra fria » Queda do Muro de Berlim » Surgimento da Aids » Expansão tecnológica » Decadência de padrões sociais	» Não se apega a padrões rígidos, valoriza o trabalho e busca ascensão profissional, é independente e autoconfiante. » Movimentos estudantis e movimentos hippies buscavam direitos iguais. » Valorização do trabalho para garantir desejos pessoais e materiais. » Busca sucesso profissional, constitui família, mas se preocupa com a qualidade de vida, é mais pragmático e autoconfiante, menos informal e menos rígido. » Mais independente e mais empreendedor.

Período/Geração	Algumas experiências vividas	Características comportamentais
1981 e meados de 1990 Geração Y	» Democracia, liberdade política e prosperidade econômica	» Filhos da geração X: motivados por desafios, buscam ascensão rápida. » Preocupados com o meio ambiente e com os direitos humanos. » Gostam de desafios, cresceram em ambiente digital. » Casam-se mais tarde e adiam a responsabilidade da paternidade/maternidade. » Pensamento sistêmico – olham para o todo, de forma global, e não apenas local. » Buscam no trabalho fonte de satisfação e aprendizado, equilibrado-o com a vida pessoal.
Entre 1990 e 2010 Geração Z	» Projeto Genoma Humano Inovações tecnológicas (Internet, redes sociais, photoshop, MSN, plataforma de blog etc.)	» Z de "zap", do inglês, significa "fazer algo muito rapidamente". » Constantemente conectados por meio de dispositivos móveis. » Conhecedores das tecnologias mais recentes. » Dinâmicos, críticos e precoces, tendem a ser ecologicamente corretos.
2010 em diante Geração Alpha	» Partícula do Bóson de Higgs Inovações tecnológicas (smartphone, telepatia digital, Google eyes etc.)	» Interagem com tecnologias digitais desde o nascimento. » Provável superação das barreiras do idioma. » Os estudantes exigem aprendizado dinâmico e, assim, influenciam o sistema educacional.

Fonte: Adaptado de OLIVEIRA, 2010; SANTOS; ARIENTE; DINIZ, 2011; REDE GLOBO, 2014.

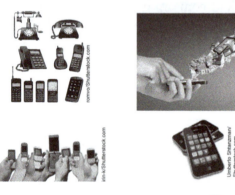

Figura 3.3 - Inovações tecnológicas.

3.3 Formação educacional e formação profissional do jovem para o mundo do trabalho

Para se inserir no mundo do trabalho e exercer plenamente sua cidadania, jovens e adultos precisam se preparar para as novas competências e habilidades exigidas no mercado, principalmente em relação aos avanços tecnológicos nos processos de produção, informação e comunicação. Ocorre que pouco mais de duas décadas atrás, para a população com 15 anos ou mais, o Censo Demográfico do IBGE, em 1991, apontava alto índice de analfabetismo absoluto no Brasil, com as regiões Norte e Nordeste representando mais de 50% do total nacional, isso sem considerar os índices de evasão e repetência (ver Quadro 3.2).

O problema sempre envolveu múltiplos fatores, como os de natureza econômica, social e educacional, e requer análises contextualizadas às particularidades de cada região, mas o fato é que reforça o quadro das desigualdades sociais no país, uma vez que o analfabetismo é um importante limitador do acesso às oportunidades de emprego. Diante de cenários como esse, e que não são exclusividade do Brasil, para tentar garantir a educação básica - a satisfação de necessidades de aprendizagem –, em 1990, 155 governantes se reuniram em Jomtien, na Tailândia, quando assinaram a Declaração Mundial de Educação para Todos, um compromisso com a educação básica para crianças, jovens e adultos, sem distinção de gênero, etnia, classe social, religião e ideologia.

Quadro 3.2 - Censo demográfico de 1991

Região	Total	Alfabetizados	Analfabetos	%
TOTAL NO BRASIL	95.837.043	76.603.804	19.233.239	20,07
Região Norte	5.763.395	4.343.127	1.420.268	24,64
Região Nordeste	25.751.993	16.057.476	9.694.517	37,65
Região Sudeste	43.155.676	37.843.517	5.312.159	12,31
Região Sul	15.064.437	13.279.879	1.784.558	11,85
Região Centro-Oeste	6.101.542	5.079.805	1.021.737	16,75

Fonte: IBGE – Censo Demográfico, 1991.

Sete anos depois de Jomtien, um novo esforço foi realizado durante a V Conferência Internacional sobre Educação de Adultos, em Hamburgo, Alemanha. Durante a Conferência, promovida pela Unesco, foi estabelecida uma Agenda para o Futuro, um compromisso com a Educação de Jovens e Adultos (EJA), entendendo que esse é um dos principais meios para enfrentar os problemas e riscos advindos das rápidas transformações do mundo contemporâneo. Destacamos dois itens da Declaração de Hamburgo:

> [...]12. O reconhecimento do "Direito à Educação" e do "Direito Aprender por Toda a Vida" é, mais do que nunca, uma necessidade: é o direito de ler e de escrever; de questionar e de analisar; de ter acesso a recursos e de desenvolver e praticar habilidades e competências individuais e coletivas.

> [...]27. Nós, reunidos em Hamburgo, convencidos da necessidade da educação de adultos, nos comprometemos com o objetivo de oferecer a homens e mulheres as oportunidades de educação continuada ao longo de sua vida. Para tanto, construiremos amplas alianças para mobilizar e compartilhar recursos, de forma a fazer da educação de adultos um prazer, uma ferramenta, um direito e uma responsabilidade compartilhada.

> Hamburgo, Alemanha, julho 1997.

3.3.1 De lá para cá!

No Brasil, o Ministério da Educação tem construído importantes espaços para discussão e fortalecimento da compreensão de uma educação não apenas restrita à dimensão econômica. Para isso, vem realizando diversos encontros organizados que aproximam e fortalecem as parcerias entre as várias instâncias: federal, estadual, municipal, organizações não governamentais e sociedade civil de modo geral. Esses encontros, como o Encontro Nacional de Educação de Jovens e Adultos (Eneja),

O Mundo do Trabalho

são necessários ao esforço contínuo na construção de políticas públicas educacionais integradas e inovadoras. A essas políticas estão atribuídos o compromisso de atender às demandas de formação docente na educação de jovens e adultos e às específicas dos trabalhadores, incluindo sua inserção no mercado de trabalho. Entende-se assim que a educação dos jovens e adultos deve integrar a formação geral para a cidadania e a formação profissional para o trabalho, de forma continuada, ou seja, ao longo do ciclo da vida. Igualmente, entende-se, ainda, que as metodologias de ensino e aprendizagem devem abraçar metodologias consideradas não formais, de maneira mais ampliada, para, assim, favorecer o desenvolvimento do potencial criativo dos jovens e adultos, a partir de experiências significativas diante da dinâmica da realidade global e dos desafios do século XXI.

Entretanto, tais políticas não têm sido suficientes para atender à grande demanda, que inclui no analfabetismo a parcela de semianalfabetos, aqueles com domínio bastante restrito da linguagem escrita, os analfabetos funcionais, que, apesar de relativo domínio de alguns aspectos da linguagem, não conseguem fazer adaptações adequadas em situações diferenciadas ou aplicar o conhecimento na resolução de problemas contextualizados. Incluem-se ainda os analfabetos digitais, aqueles que não dominam os recursos tecnológicos de comunicação virtual ou os dominam de forma muito limitada. Vale aqui ressaltar que o agravamento da situação se dá por um lado pelo insucesso do sistema de ensino em garantir a permanência e aprendizagem das crianças na escola, e, por outro, pelo insucesso da diminuição das desigualdades sociais no país, levando crianças e jovens a deixar a escola para tentar auxiliar no sustento da família (ver Figura 3.4).

Figura 3.4 - Jovem exposto a trabalho braçal em situação de risco.

Em 2003, a Pesquisa Nacional por Amostra de Domicílios (Pnad) demonstrou que "68 milhões de jovens e adultos trabalhadores brasileiros com 15 anos e mais não concluíram o ensino fundamental e, apenas, 6 milhões (8,8%) estão matriculados em EJA" (MEC, 2014). Assim, em 2005 o Governo Federal instituiu o Programa Nacional de Integração da Educação Profissional com a Educação Básica na Modalidade de Educação de Jovens e Adultos (Proeja), por meio do Decreto nº 5.478, de 24 de junho de 2005, substituído em seguida pelo Decreto nº 5.840, de 13 de julho de 2006 (ver pressupostos e princípios no Quadro 3.3).

Os cursos Proeja podem ser oferecidos pela rede federal de educação profissional, científico e tecnológico, redes estaduais, redes municipais, entidades privadas nacionais de serviço social, aprendizagem e formação profissional vinculadas ao sistema sindical (Sistema S), das seguintes formas: 1. Educação profissional técnica integrada ao ensino médio na modalidade de educação de jovens e adultos; 2. Educação profissional técnica concomitante ao ensino médio na modalidade de educação de jovens e adultos; 3. Formação inicial e continuada ou qualificação profissional integrada ao ensino fundamental na modalidade de educação de jovens e adultos; 4. Formação inicial e continuada ou qualificação profissional concomitante ao ensino fundamental na modalidade de educação de jovens e adultos; 5. Formação inicial e continuada ou qualificação profissional integrada ao ensino médio na modalidade de educação de jovens e adultos; 6. Formação inicial e continuada ou qualificação profissional concomitante ao ensino médio na modalidade de educação de jovens e adultos. Outros programas instituídos pelo Governo Federal, e que são voltados à formação profissional de jovens e adultos, podem ser observados no Quadro 3.4.

Quadro 3.3 - Pressupostos e princípios do Proeja

Pressupostos	Princípios
O jovem e adulto como trabalhador e cidadão	Princípio da aprendizagem e de conhecimentos significativos
O trabalho como princípio educativo	Princípio de respeito ao ser e aos saberes dos educandos
As novas demandas de formação do trabalhador	Princípio de construção coletiva do conhecimento
Relação entre currículo, trabalho e sociedade	Princípio da vinculação entre educação e trabalho: integração entre a Educação Básica e a Profissional e Tecnológica
-	Princípio da interdisciplinaridade
-	Princípio da avaliação como processo

Fonte: MEC. Proeja, 2007.

Quadro 3.4 - Programas Setec

O Programa Mulheres Mil tem como objetivo oferecer as bases de uma política social de inclusão e gênero; mulheres em situação de vulnerabilidade social têm acesso a educação profissional, emprego e renda.
O Programa Nacional de Acesso ao Ensino Técnico e Emprego (Pronatec) foi criado pelo Governo Federal em 2011, com o objetivo de ampliar a oferta de cursos de educação profissional e tecnológica.
O Programa Brasil Profissionalizado visa fortalecer as redes estaduais de educação profissional e tecnológica.
O Sistema Rede e-Tec Brasil visa à oferta de educação profissional e tecnológica a distância e tem o propósito de ampliar e democratizar o acesso a cursos técnicos de nível médio, públicos e gratuitos, em regime de colaboração entre União, estados, Distrito Federal e municípios.

Fonte: MEC/Setec, 2014.

Fique de olho!

O Observatório do Mercado de Trabalho Nacional é: "o órgão de assessoramento técnico do Ministério do Trabalho e Emprego, dedicado à promoção de conhecimentos sobre o mundo do trabalho e a legislação trabalhista e correlata.

O Observatório do Mercado de Trabalho Nacional é um instrumento de pesquisa e planejamento que objetiva produzir e difundir informações, análises e propostas de ação, assessorando gestores de políticas públicas e subsidiando instituições governamentais, não governamentais, públicas e privadas que desenvolvem políticas e ações relativas às questões do trabalho, na construção do projeto de desenvolvimento econômico e de inclusão social.

Objetivos: promover o conhecimento do mundo do trabalho; estimular a produção, a sistematização e a difusão de informações; contratar e difundir estudos e pesquisas; dar apoio e suporte às políticas do Ministério do Trabalho e Emprego, em suas diversas áreas.

Fonte: http://portal.mte.gov.br/observatorio/

3.4 O trabalho humano: dimensões econômica, social e ambiental

Como vimos, em todos os períodos históricos, a sociedade humana se organizou em torno do trabalho para suprir suas necessidades, e foi evoluindo e aperfeiçoando métodos de organização, mensuração e controle da produção, circulação e consumo de bens e serviços. Essa estrutura organizacional tem por principal objetivo encontrar a melhor forma de controlar a escassez dos recursos existentes e necessários para suprir as necessidades ilimitadas dos seres humanos. A economia é a ciência social que estuda a relação entre a organização social, o comportamento humano e suas necessidades e a escassez de recursos, buscando alcançar um nível ótimo de distribuição, que promova o bem-estar coletivo. Ao produto final do trabalho (bens ou serviços), considerando o recurso utilizado, o tempo e a mão de obra necessária para produção, é atribuído um valor, e, já que tem um valor, poderá haver troca. Nesse processo, identificamos a cadeia de valor do produto, em um ciclo que passa pela extração do recurso necessário (obtenção de matéria-prima), transformação em material para produção, criação de bens ou serviços (criatividade e inovação), produção de bens ou serviços, geração de valor/marca, distribuição, deposição final (uso/reuso/reciclo) e sustentabilidade. Esse valor fica cada vez mais fortalecido pelo conhecimento, que gera criatividade e inovação na transformação de insumos em produtos que estimulam novas ideias em processo contínuo.

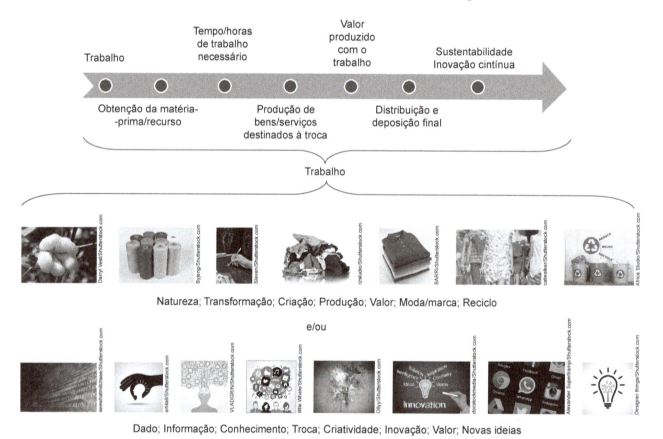

Figura 3.5 - Cadeia de valor econômico, social e ambiental: relação entre a quantidade de recursos necessários para produzir "X" bens materiais ou serviços, a quantidade de mão de obra necessária para transformar, criar, produzir, distribuir e gerar o valor (dinheiro) que se pode obter com o produto final do trabalho, e a estratégia ambiental para recomeçar o ciclo.

Que trabalho isso tudo deve dar!

Viver no contexto da sociedade do conhecimento requer realmente muito trabalho, mas não se trata apenas do trabalho necessário à manutenção das necessidades básicas de sobrevivência, e sim de um trabalho que busca zelar pelo bem-estar coletivo e prezar pelo legado às gerações futuras.

Vamos recapitular?

O trabalho é a primeira forma de atividade intencional que estabeleceu uma profunda relação entre os seres humanos e a natureza. Por meio dele, as relações sociais foram se fortalecendo ao longo da evolução humana. No entanto, seu histórico conquistou concepções positivas e negativas, que podem ir do sofrimento à glória.

Vimos que o mundo do trabalho foi sofrendo mudanças, e que os pensamentos refratários daqueles que colocaram uma tampa em sua cesta de conhecimentos geram resistências que atrasam a adoção de medidas e normas mais condizentes com as novas realidades – você se lembra que comentamos no Capítulo 1 sobre a importância de romper paradigmas? Bem, à medida que as mudanças promoveram aumento de produção, a necessidade de mão de obra aumentou, e à medida que a tecnologia avançou, a mão de obra, de certa maneira, diminuiu, exigindo aumento de capacitação, estudos e pesquisas. Lideranças mundiais se reuniram em diferentes momentos para discutir as demandas mundiais sobre educação de adultos, entre as quais a Declaração de Hamburgo: Agenda para o Futuro. Também vimos que ao longo dos anos o Governo brasileiro vem investindo em programas de formação e capacitação de jovens e adultos, tentando integrar nesses programas a formação geral para a cidadania e a formação profissional para o trabalho. Ao mesmo tempo, as necessidades humanas se modificaram, de forma que novas atividades foram desenvolvidas na vida empresarial, como a atividade de marketing, pois era necessário entender detalhes sobre os motivos que levavam os consumidores a fazer opções entre produtos semelhantes. Se antes o preço mais baixo, o mais barato, era um importante diferencial, atualmente, com o avanço das tecnologias de informação e comunicação (TICs), os consumidores já exigem produtos com bom preço, mas com qualidade certificada, além de também considerarem a importância de que o fabricante ou distribuidor adote modelos de gestão sustentáveis. Como consequência de tantas transformações, o empreendedorismo está despontando com forte tendência a novas alternativas na geração de emprego e de renda.

De qualquer forma, o trabalho se apresenta como fator extremamente positivo para o ser humano desenvolver suas capacidades física, cognitiva e psicossocial, e, assim, superar as adversidades geradas por suas ações e o consequente impacto na natureza. Por outro lado, o mesmo trabalho que gera bens e serviços, que adquirem valor, por vezes coloca o próprio ser humano em escala inferior ao bem produzido, podendo, assim, alcançar a condição de desumanização nos processos de produção, com acentuada precariedade nas condições de trabalho, desrespeito às normas trabalhistas e desvalorização da vida. Trataremos desse assunto no próximo capítulo.

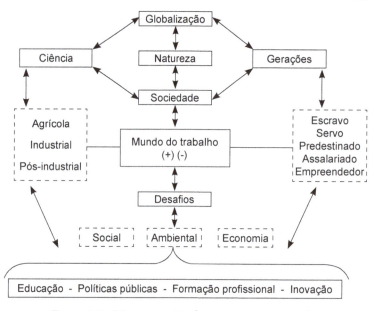

Figura 3.6 - Mapa conceitual que resume o capítulo.

Agora é com você!

1) Considerando a diferença entre trabalho e emprego, reflita e cite exemplos de atividades de trabalho e de emprego.

2) De um lado, as novas gerações, chamadas Geração "Z" e Geração "Alpha" já nasceram em ambientes digitais e interagem com tecnologias digitais com naturalidade desde o nascimento; de outro, ainda temos no Brasil um grande contingente de jovens que abandonaram os estudos para trabalhar e ajudar no sustento das famílias. Comente essa realidade traçando um paralelo com as ações da sociedade política.

3) Qual é a implicação do avanço social da globalização no mundo do trabalho e na vida das pessoas?

4) O homem cria ferramentas que transformam o mundo e as ferramentas transformam o homem. Comente essa frase com base nas abordagens de estudo e na figura a seguir.

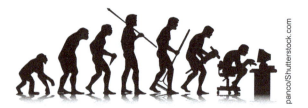

4

Humanização no Processo de Trabalho

Para começar

Tratar a questão da humanização nos processos de trabalho não é tarefa fácil, pois envolve todas as classes de atividades profissionais. Somente no Brasil, a Classificação Nacional de Atividades Econômicas (Cnae 2.0 – IBGE) registra 673 classes e 1301 subclasses, agrupadas em 21 seções e 87 divisões. Cada uma das classes e subclasses de atividades tem suas especificidades de funções e modos de organização produtiva (insumos, tecnologia, processos), características dos bens e serviços, finalidade de uso etc., de forma que a diversidade de atuações é quase incalculável. Assim, sem adentrar às especificidades de cada classe de atividades profissionais, neste capítulo abordaremos os conceitos de humanização e de processo de trabalho, faremos uma relação desses conceitos com as necessidades humanas básicas e a consequente supervalorização das necessidades individuais de autorrealização. Também abordaremos possibilidades de humanização a partir do conceito de qualidade de vida e qualidade de vida no trabalho, já com importante avanço em termos de estudos e pesquisas, e de interesse de gestores e organizações inovadoras.

Aproveitemos algumas contribuições teóricas!

4.1 Entendendo o conceito de humanização

Como abordado anteriormente, "os seres humanos são produtores de necessidades fisiológicas e psicológicas, e o cuidado que se preocupa em provê-las pode ser entendido como humanizado" (DESLANDES, 2011, p. 41). Partindo dessa premissa, podemos entender o conceito de humanização relacionada aos processos de trabalho como a forma de promover cuidados, de zelar pelo bem-estar daqueles que estão por meio do trabalho produzindo bens e serviços necessários para suprir essas necessidades. Entendendo, ainda, que não há um modelo específico de "Homem", para que a partir desse modelo todos possam seguir, somos levados a um conceito de humanização pautado pelo respeito no trato à pessoa humana, em toda sua diversidade cultural, nos mais distantes continentes, como o continente asiático ou o Oriente Médio, por exemplo, além de todos os segmentos, posições e ocupações que de alguma forma estejam imbricados no mundo do trabalho.

> **Lembre-se**
>
> A Organização das Nações Unidas para a Educação, a Ciência e a Cultura (Unesco) nasceu no dia 16 de novembro de 1945. Sua missão consiste em contribuir para a construção de uma cultura da paz, para a erradicação da pobreza, para o desenvolvimento sustentável e para o diálogo intercultural, por meio da educação, das ciências, da cultura e da comunicação e informação.
>
> Uma vez que as guerras se iniciam nas mentes dos homens, é nas mentes dos homens que devem ser construídas as defesas da paz.
>
> Constituição da Unesco
>
> Fonte: http://unesdoc.unesco.org/images/0018/001887/188700por.pdf

Sabemos que em todos os períodos a produção de bens e serviços se deu pela mão dos seres humanos, com profundas mudanças nas ferramentas de trabalho, variando do arado aos computadores. Sabemos também que principalmente no período industrial, houve um crescimento exponencial das tecnologias de produção, que resultaram naturalmente em novas formas de comportamento social no mercado de consumo. Novas tecnologias, novas ofertas de emprego, aumento da oferta de produtos, mais pessoas recebendo salários e mais poder de compra, tudo isso, e mais um pouco, obviamente acirrou a competitividade entre as empresas, que necessariamente fortaleceram suas estratégias de comunicação, aguçando cada dia mais a percepção das necessidades de seus consumidores para comprarem seus produtos, ao mesmo tempo fortalecendo a capacidade de resposta imediata dos concorrentes e o consumo desenfreado. Observe a Figura 4.1 e reflita!

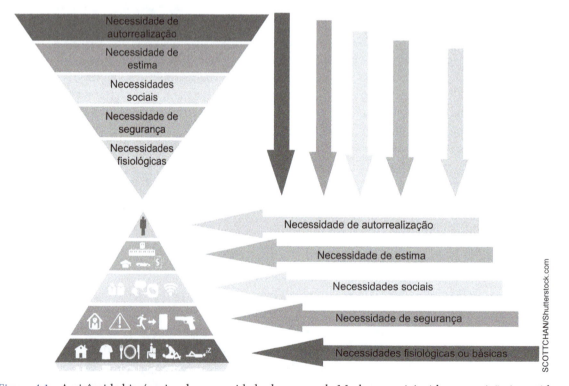

Figura 4.1 - A pirâmide hierárquica das necessidades humanas de Maslow e a pirâmide em posição invertida.

48   Humanização dos Processos de Trabalho - Fundamentos, Avanços Sociais e Tecnológicos e Atenção à Saúde

Ao observarmos a pirâmide hierárquica do psicólogo americano Abraham Maslow, notamos que a base das necessidades humanas está relacionada à constituição fisiológica de sobrevivência dos seres humanos. São as necessidades básicas, como comer, beber água, dormir e respirar. O segundo grupo de necessidades diz respeito à segurança, no sentido de estabilidade de moradia, emprego e cuidados com a saúde. Em seguida viriam as necessidades sociais e afetivas, aquelas relacionadas à aceitação, ao se sentir amado, fazer parte de um grupo, ter amigos etc. No quarto degrau, encontra-se a necessidade de reconhecimento do que fazemos - a autoestima, e no topo da pirâmide, nossa necessidade de realização pessoal, uma certa satisfação de realizar o "desejado", o "sonhado". Assim, concordamos que as necessidades de sobrevivência, aquelas que estão na base da pirâmide, são aquelas que devem ser supridas primeiro, pois obviamente não há como esperar resultados, comprometimento ou "vestir a camisa" se as necessidades básicas não foram supridas. Seguindo essa referência, entendemos que as necessidades humanas que aparecem nos três primeiros degraus da pirâmide requerem atenção e cuidado imediato, em todas as formas de uso e aplicação de ferramentas, tecnologias, métodos de trabalho e modelos de gestão necessários para suprir essas necessidades. Nesse sentido, não deveriam caber discussões ou justificativas para a privação de bens e serviços essenciais à manutenção da saúde, às condições de moradia, educação, transporte, trabalho, meio ambiente e qualidade nos produtos e serviços oferecidos. Também não cabe postergar a criação e a implantação de políticas públicas de interesse social, normalmente percebidas pela população como falta de vontade política e má gestão administrativa. Nesse prisma, parece que as práticas que geram sofrimento às pessoas, e às quais assistimos em nosso dia a dia, estariam relacionadas a comportamentos pessoais e atitudes de busca exacerbada pela autorrealização, que aparece no topo da pirâmide, colocando-a em posição invertida, em detrimento de um propósito maior, a dignidade humana - a humanização.

> [...] Aceito qualquer argumento do "segundo andar" da pirâmide em diante – o mundo mudou e segurança não existe mais nem no aquário (empresas) nem no oceano (mundo do trabalho), mas no primeiro piso da pirâmide não tem acordo. Como exigir envolvimento, comprometimento, se as necessidades básicas ainda não foram atendidas? Essa reflexão não está restrita apenas às paredes das organizações ou dos lares – ela é do país e do mundo. Como fazer "inserção digital" – sem fazer inclusão social, sem superar os limites das necessidades básicas?

> AMORIM, A. Invertendo a pirâmide. RH. Disponível em: http://www.rhportal.com.br/artigos/rh.php?idc_cad=w_3wpfyjz .Acesso em 20.04.2014

A partir dessa reflexão, podemos dizer que a humanização começa pelo senso de sustentabilidade humana, pautado em princípios e valores éticos, solidariedade, compaixão e respeito pela valorização da vida, enquanto a desumanização começaria justamente quando o próprio ser humano coloca suas necessidades de realização pessoal acima das necessidades do outro, a ponto de apropriar-se da liberdade do outro de forma ilegítima, ignorar as diferenças culturais que esse outro também tem, discriminando-o e colocando-o em posição de inferioridade, reforçando estereótipos e intensificando a intolerância e o desrespeito à pessoa humana. Portanto, humanização e desumanização envolvem processos intimamente ligados à forma como as ações humanas são realizadas, seja por uma pessoa física ou pela pessoa jurídica (empresas), e o resultado de determinadas ações políticas, econômicas, sociais ou emocionais pode provocar satisfação e bem-estar ou sofrimento e dor (ver Figuras 4.2, 4.3 e 4.4).

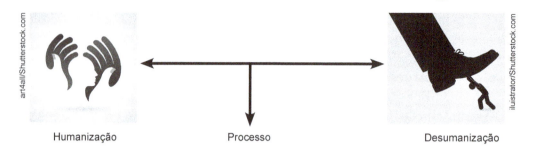

Figura 4.2 - Humanização, processo e desumanização.

Figura 4.3 - Ações e condições humanizadas.

- **Fome e sede:** alimentação e água - Falta de saneamento básico

- **Violência física e psicológica** - Abandono e exclusão social

- **Falta e precariedade de moradia** - Falta e precariedade de transporte

- **Barreiras arquitetônicas** - Falta de atenção e cuidados com a saúde

Olga Saliy/Shutterstock.com

Steven Frame/Shutterstock.com

gary yim/Shutterstock.com

Dan Kosmayer/Shutterstock.com

arindambanerjee/Shutterstock.com

Creativa/Shutterstock.com

Pecold/Shutterstock.com

ArtFamily/Shutterstock.com

arindambanerjee/Shutterstock.com

Claudine Van Massenhove/Shutterstock.com

Figura 4.4 - Ações e condições desumanas.

Amplie seus conhecimentos

Assista ao filme *O contador de histórias*

Sinopse: Minas Gerais, anos 1970. Nascido em uma favela de Belo Horizonte, filho caçula de dez irmãos, aos 6 anos de idade, Roberto Carlos Ramos foi "escolhido" pela mãe para ser interno em uma instituição oficial que, segundo a propaganda da TV, preparava crianças para serem "médicos, advogados, engenheiros". A realidade se revelou, no entanto, bastante diferente para o menino até então criado em uma família e dotado de pródiga imaginação. Apesar das dificuldades em ser alfabetizado, o pequeno Roberto logo aprendeu as leis da sobrevivência na instituição: problema de aprendizado rendia um biscoito, falar palavrão impunha moral, fingir doença, um naco extra de comida. [...] Aos 13 anos, ainda analfabeto, depois de mais de 100 tentativas de fuga, separado da família, Roberto carrega o estigma de 'irrecuperável' [...] Depois de formado, voltou à instituição em que cresceu – mas como professor. E já adotou mais de 20 meninos em situação de rua, muitos de início "irrecuperáveis", como ele foi.

Longa-metragem, 35 mm

Janela 1:85

Duração: 110 min.

Ano de produção: 2009

Produtores: Ramalho Filmes e Nia Filmes

Humanização no Processo de Trabalho

4.2 Entendendo o conceito de processo

O termo processo pode ser entendido a partir da origem da palavra *procedere*, em latim, que significa método, sistema, maneira de agir ou conjunto de medidas tomadas para atingir algum objetivo. Também se relaciona a percurso, um caminho a seguir. Implica uma sequência de atividades, tarefas, procedimentos operacionais ou administrativos, que são interligados e envolvem pessoas, equipamentos, tecnologias, departamentos ou unidades de trabalho que produzem um resultado, ou, ainda, que se relacionem ao manuseio de documentos que obedecem uma sequência lógica, como nos processos jurídicos. Entende-se assim que as organizações empresariais são constituídas por sistemas ou processos com início (*inputs*), meio e fim (*outputs*), ou, em outras palavras: entrada de insumos (matéria-prima), por meio de fornecedores – procedimentos/transformação –, saída em forma de produtos (bens ou serviços) destinados aos clientes, que desejam perceber qualidade ao satisfazer suas necessidades. Com vistas a alcançar a qualidade em seus produtos, e, assim, satisfazer os clientes, com possibilidades de fidelização, os processos são normalmente planejados, desenhados e redesenhados sempre que necessário. A Figura 4.5 ilustra as principais etapas ou estágios do processamento de chocolate, a partir da amêndoa do cacau como matéria-prima.

1. Limpar/classificar 2. Pré-secagem 3. Fragmentação/retirada da casca
4. Torragem 5. Moagem primária/pré-refino 6. Padronização da finura
7. Conchagem 8. Temperagem 9. Envasamento/Moldagem
10. Vibração/retirada do ar 11. Resfriamento 12. Embalagem

Fonte: MORORÓ, s/d.

Figura 4.5 - Processamento de amêndoas do cacau.

Podemos, assim, desenhar os principais macroprocessos existentes em um sistema organizacional, normalmente divididos em etapas que se diferenciam principalmente pelos tipos de atividades que exigem. Ainda, em cada macroprocesso, identificamos outros processos e subprocessos que também seguem uma sequência lógica.

Exemplos

Estágio pré-secagem das amêndoas de cacau durante o processo que envolve a produção de chocolate – 1. Estender as amêndoas em áreas específicas 2. Espalhar em camada uniforme 3. Expô-las ao sol 4. Revolver com rodo de madeira 5. Controlar calor, chuva ou sereno 6. Recolher para complementar secagem com aquecimento artificial via estufas, e assim sucessivamente.

De modo geral, processo é o conjunto de passos organizados para realizar uma tarefa. Então, o conjunto de processos sistematicamente organizados, por exemplo: processos da cadeia de valor, processos relacionados aos fornecedores, processos econômico-financeiros, entre outros existentes em uma organização, formam sua estrutura de funcionamento. Fazer o mapeamento de processos: identificar, conhecer e descrever cada processo, de forma detalhada, como são definidos, implementados, executados e gerenciados, facilita a gestão da organização, de forma que esse processo deve ser analisado e, sempre que necessário, redesenhado para promover e alcançar melhorias que resultem em um desempenho ótimo para toda a cadeia de interesse da organização.

Nesse sentido, a melhoria de um processo existente pode provocar um salto no desempenho dos trabalhadores e na qualidade dos produtos, mas essa conclusão nos leva a refletir sobre a relação existente entre melhoria de processos e melhoria na qualidade dos produtos e serviços, com a qualidade de vida das pessoas envolvidas em todos os processos da organização.

Fique de olho!

Até que ponto uma organização pode ter qualidade total de seus produtos ou serviços se não houver qualidade de vida no trabalho de seus colaboradores?

Para tentar responder a essa e a outras questões acerca de uma atuação gerencial mais preocupada com as condições de trabalho, a partir de uma visão dos colaboradores como principal ativo da empresa, a psicóloga e professora da Universidade de São Paulo, Ana Cristina Limongi--França, da FEA-USP, debruçou-se em pesquisas com o objetivo de identificar as interfaces da gestão da qualidade de vida no trabalho (QVT) na administração de empresas, para além das obrigações trabalhistas. A pesquisadora aponta três eixos fundamentais nessa área de estudos: as escolas de pensamento, os indicadores empresariais BPSO (Biológicos, Psicológicos, Sociais e Organizacionais) e os fatores críticos de gestão. Em sua perspectiva, na última década do século XX surgiram novos paradigmas para as questões relacionadas à qualidade de vida no trabalho, apontando alguns desencadeadores de QVT, como: vínculos e estrutura da vida pessoal, fatores socioeconômicos, metas empresariais e pressões organizacionais, e, para responder a esses desencadeadores, várias ciências têm dado sua contribuição para se estabelecerem critérios e índices que possam avaliar aspectos da condição de desenvolvimento humano, social e de condições de vida. Em relação à temática QVT com foco na pessoa, ela aponta as seguintes questões:

> levantamentos de riscos ocupacionais do trabalho, ergonomia, questões de saúde e segurança do trabalho, carga mental, esforços repetitivos, comunicação, tecnologia, psicologia do trabalho, psicopatologia, significado do trabalho, processos comportamentais, expectativas, contrato psicológico de trabalho, motivação, liderança, fidelidade, empregabilidade. (LIMONGI-FRANÇA, 2007)

Assim, entendemos que o conceito de humanização está intimamente ligado ao conceito de qualidade de vida, e que perpassa todos os processos de trabalho em todos os tipos de organização.

4.3 Humanização, qualidade de vida e trabalho

O termo qualidade, quando utilizado no mundo dos negócios, refere-se a aspectos internos e externos da organização, relativos às características de bens, serviços, processos ou projetos que serão apreciados pelos clientes/usuários, investidores, e outros potenciais interessados, que emitirão uma resposta de satisfação ou de insatisfação, dependendo de suas percepções individuais, suas necessidades e expectativas a respeito do produto. Embora o conceito seja de difícil delimitação, para medir, controlar e gerenciar a qualidade, as organizações se utilizam de outras definições que amparam o estabelecimento de critérios, tais como: qualidade como excelência, como conformidade, e especificações, como adequação do uso ou como valor para o preço, e, ainda, dependem de uma diversidade de fatores relacionados à percepção dos clientes/usuários quanto ao atendimento de suas necessidades e expectativas, tanto para bens materiais como para serviços, Por exemplo, a qualidade de um aparelho celular pode ser medida por suas características operacionais básicas, relacionadas às condições de funcionamento, o que quer dizer que o aparelho desempenha o uso esperado pelo consumidor; já a qualidade do atendimento ao cliente que comprou o celular pode ser medida pelo tempo, cortesia, precisão e outros determinantes que levam o cliente à percepção de que foi atendido em um tempo justo, tratado de forma educada e adequada, antes, durante e após a compra, caso ele necessite recorrer à troca ou obter informações de uso. Em resumo, à qualidade, normalmente, é atribuída uma referência de bom ou de ruim, e isso implica um juízo de valor multifatorial, pois cada pessoa tem uma percepção do que é bom - de qualidade - ou então ruim - sem qualidade.

Em relação à qualidade de vida, o entendimento conceitual também não é tão simples, pois envolve aspectos multifatoriais e percepções que se diferem de pessoa para pessoa, e que vão se alterando ao longo da vida. Alguns conceitos trazem referências a um estado de satisfação e bem-estar em relação a aspectos da vida familiar, social e do trabalho; outros, incluem as dimensões física, intelectual e espiritual, o estilo de vida e também as condições de estruturas sistematizadas pelas organizações de uma sociedade, como: escolas, hospitais, indústrias, centros comerciais, centros de lazer, empresas de telecomunicação etc. Dessa forma, qualidade de vida pode ser entendida não como uma condição que tem um único padrão estabelecido, mas como possibilidades de melhorias a serem exploradas individualmente, em grupos ou populações, em relação a bens materiais, educação, lazer, meio ambiente, expressão livre de pensamento, segurança e, entre outros determinantes, o trabalho digno (ver conceitos no Quadro 4.1).

Quadro 4.1 - Conceitos de qualidade de vida no trabalho

Ano	Autor	Conceito
2003:496	Valdir José Barbanti	Qualidade de vida (QV) é o sentimento positivo geral e o entusiasmo pela vida, sem fadiga das atividades rotineiras. Está intimamente ligada ao padrão de vida. Nível de bem-estar de que um indivíduo ou uma população pode desfrutar. Inclui aspectos de saúde física e mental, condições materiais, infraestrutura, condições sociais no relacionamento com o meio ambiente.
2007:186	Ana Cristina Limongi--França	Qualidade de vida no trabalho (QVT) é um tema que deve ser tratado nas empresas segundo os pressupostos de uma gestão avançada, com a adoção de informações e práticas especializadas, sustentadas por expectativas legítimas de modernização, mudanças organizacionais e visão crítica dos resultados empresariais e pessoais.

Ainda em relação à qualidade de vida, no que tange às tentativas de estabelecer indicadores que possam de alguma forma fornecer dados quantificáveis para amparar a percepção que se tem da qualidade de vida de populações em todo o mundo, podemos contar com o Índice de Desenvolvimento Humano (IDH), uma forma tradicional de avaliar a qualidade de vida de grandes populações. Em contraponto ao Produto Interno Bruto (PIB) *per capita*, que leva em consideração apenas a dimensão econômica do desenvolvimento, o IDH mede o progresso de uma nação a partir de três dimensões: renda, saúde e educação. No entanto, o IDH "não abrange todos os aspectos de desenvolvimento e não é uma representação da "felicidade" das pessoas, nem indica "o melhor lugar no mundo para se viver" (PNUD BRASIL, 2014). Outro instrumento de avaliação da qualidade de vida é o World Health Organization Quality of Life Assessment (WHOQOL), desenvolvido pela Organização Mundial de Saúde. O instrumento é organizado em seis domínios: físico, psicológico, nível de independência, relações sociais, meio ambiente e espiritualidade/religiosidade/crenças pessoais, e avalia a percepção dos indivíduos sobre sua posição na vida, no contexto do sistema de valores e cultura em que estão inseridos, além da relação com as metas, expectativas e significados.

As transformações sociais e os avanços em inovação e competitividade têm promovido a cada ano o interesse pela qualidade de vida no trabalho, conquistando mais espaço nas discussões e estudos acadêmicos, assim como a atenção dos gestores de negócios, para se apropriarem das bases conceituais que podem auxiliar na análise, implantação e gerenciamento dos processos necessários aos programas de QVT dentro das organizações. Importante ressaltar que as organizações estão apontando para novas práticas de gestão, visando ao bem-estar de seus colaboradores, com expressivas políticas de qualidade de vida no trabalho, já incorporadas à cultura organizacional da empresa, e devem manter uma gestão dinâmica e atenta às constantes mudanças na vida das pessoas e da organização.

A QVT acontece quando a empresa verdadeiramente entende seus trabalhadores como integrantes fundamentais de sua organização, e efetivamente colocam a QVT em seu planejamento estratégico, com vistas a um investimento em pesquisa diagnóstica, análise, elaboração e implantação de programas de qualidade de vida com foco em melhorias estruturais, gerenciais, organizacionais e das condições gerais de desenvolvimento das pessoas na vida pessoal, social e laboral. Para isso, é necessário que verdadeiramente se alcance a construção de um ambiente geral de trabalho mais humanizado. No próximo capítulo, continuaremos a tratar da qualidade de vida no trabalho na perspectiva da humanização da atenção à saúde.

Objetivos típicos de QVT para a área organizacional de empresas-cidadãs

» Adequar programas organizacionais modernos, como produção enxuta e flexível, às práticas e valores de QVT.

» Melhor integrar as pessoas por meio de informações e aprendizagem, melhorando o espírito cooperativo e a identidade empregado-empresa.

(LIMONGI-FRANÇA, 2004:173)

Fique de olho!

A Associação Brasileira de Qualidade de Vida (ABQV), fundada em 1995, dissemina estudos e viabiliza a troca de informações e de experiências entre profissionais e empresas sobre como implantar, gerenciar e manter programas de promoção da saúde e da qualidade de vida no ambiente de trabalho. A ABQV criou o Prêmio Nacional de Qualidade de Vida (PNQV) com o intuito de estimular o desenvolvimento de programas de qualidade de vida por meio do reconhecimento público das empresas que realizam as melhores práticas e obtêm êxito na melhoria da qualidade de vida e do bem-estar da sua população. Desde 2010, os critérios adotados para avaliar os premiados são baseados no Modelo de Excelência em Gestão da Fundação Nacional da Qualidade (FNQ). Nos últimos 16 anos, 74 empresas já receberam o prêmio.

Vamos recapitular?

Nosso propósito neste capítulo foi traçar um caminho que nos permitiu uma abordagem geral sobre os conceitos de humanização, com foco no respeito pela pessoa e suas necessidades básicas, e o conceito de processo para ampliar o entendimento do caráter desumano que se pode dar ao processo de trabalho, quando este não é analisado e planejado com foco na qualidade do trabalho, do produto do trabalho e da qualidade de vida do trabalhador. Essas concepções envolvidas na relação humanização e processos de trabalho incitam reflexões e estimulam o interesse pela ideia de que as transformações em processo de mudanças na cultura organizacional empresarial do século XXI ultrapassam as preocupações com produtividade, competitividade, tecnologia e inovação. As pessoas, os processos de trabalho, as organizações e as novas tecnologias de informação e comunicação em rede estão intimamente ligados à sustentabilidade da vida no planeta. Assim, a busca por uma visão ecocêntrica compartilhada e de longo prazo torna-se fundamental para o futuro da humanidade. Vimos que estamos em meio a um turbilhão de mudanças, sem fronteiras, sobre o uso e o abuso dos recursos naturais, sobre o papel dos produtores e dos consumidores, sobre o respeito pela diversidade cultural e sobre a valorização do outro. Inspirar novas ideias que incentivem as práticas em promoção de culturas organizacionais inovadoras implica compreender o ser humano, suas necessidades e desejos não revelados, mas que brotam nos resultados obtidos na vida pessoal, social e laboral. Olhar para a humanização sob o enfoque da qualidade de vida no trabalho pode ser um caminho – caminho que requer busca contínua por melhorias na relação entre as pessoas, os processos de trabalho, os produtos obtidos e o impacto no meio ambiente – na vida.

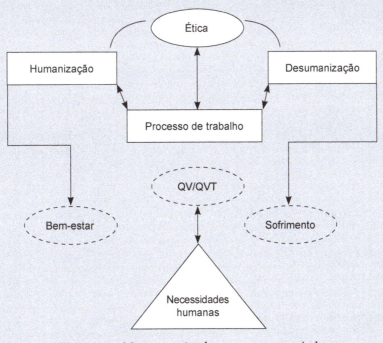

Figura 4.6 - Mapa conceitual que resume o capítulo.

Agora é com você!

1) Qual é a relação entre o conceito de humanização e as necessidades humanas propostas na pirâmide hierárquica de Maslow?

2) Explique o conceito de processo e complete o esquema a seguir, a partir da escolha de um produto (bem ou serviço) de sua preferência, para exemplificar sua explicação.

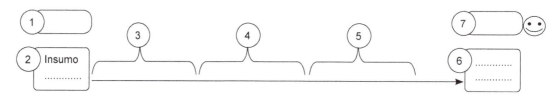

3) Explique a diferença entre o conceito de qualidade de produtos/serviços e qualidade de vida. Cite exemplos.

4) Se estivermos convencidos de que a implantação de programas de QVT representa um caminho para a humanização no ambiente de trabalho, que recomendações iniciais podemos fazer para uma organização?

5

Humanização da Atenção à Saúde

Para começar

Embora a noção de humanização em saúde seja muito ampla e heterogênea, nos incitando a desejar abordagens sistêmicas que envolvam várias temáticas: política, ética, cultura, tecnologias, entre outras, neste capítulo focaremos os avanços e contribuições da Política Nacional de Humanização - PNH, o HumanizaSUS, criado pelo Ministério da Saúde no Brasil. Exemplificaremos algumas situações geradoras de problemas percebidos, como desumanização, as contribuições da Rede HumanizaSUS - RHS e alguns exemplos de ações em humanização hospitalar.

5.1 Introdução ao conceito de humanização em saúde

O conceito de humanização relacionado à saúde nos remete aos anos 1960, período em que as lutas feministas também incluíam questões relacionadas à saúde da mulher. Na década de 1970, houve importante contribuição da sociologia médica dos Estados Unidos e, em 1988, no Brasil, o Congresso Nacional, por meio da Assembleia Constituinte, votou a criação de um Sistema Único de Saúde (SUS). Nos anos 1990, o Ministério da Saúde já adotava medidas voltadas à humanização como tema de políticas públicas, momento em que foi criado o Programa Nacional de Humanização da Atenção Hospitalar, para finalmente, em 2003, o SUS desenvolver a Política Nacional de Humanização (PNH). Com a implantação do SUS, as mudanças organizacionais, políticas e tecnológicas necessárias à implementação e ao funcionamento do sistema nas instituições geraram novas demandas em todos os setores da cadeia de atividades relacionadas à saúde, tanto no âmbito público como no privado, sem fins lucrativos, e no empresarial. O valor do emprego aumentou, impactando nas rendas salariais, assim como nos gastos com saúde de modo geral, e, de forma significativa, nas despesas com pessoal, encargos e serviços de terceiros, que refletiram na regulação das relações de trabalho, no mercado do setor e das profissões de saúde. Certamente essas novas configurações também resultaram em conflitos entre os diferentes segmentos setoriais somados às esferas de governo, no que tange à expansão das atividades econômicas, ocupação informal no setor saúde, precariedade das relações de trabalho formal, terceirização e, entre outras, a elaboração e implementação de políticas públicas em saúde (emprego, salários, educação, regulação profissional etc.). Por outro lado, esses movimentos de mudanças possibilitaram diversas discussões políticas, empresariais, estudos acadêmicos e a adoção de novos paradigmas que resultaram em importantes avanços na gestão dos sistemas de saúde e de seus serviços, especialmente no atendimento aos usuários/beneficiários e às condições para os trabalhadores em saúde. O conceito de humanização é normalmente baseado em princípios éticos, orientados por políticas de gestão em saúde que privilegiem atitudes colaborativas entre as instituições de saúde.

5.1.1 Sistema Único de Saúde (SUS)

No Brasil, com a criação do SUS, em 1988, foram afirmados os princípios da universalidade, da integralidade e da equidade da atenção em saúde, na concepção da Organização Mundial de Saúde (OMS), que não reduz o conceito de saúde à simples ausência de doença, mas a uma vida com qualidade, ou seja, a saúde como um completo bem-estar físico, mental e social, e não apenas ausência de doença ou enfermidade. O SUS é uma política pública de saúde, e, a partir desse momento histórico, emergiram novas discussões acerca da noção de humanização, por um lado com forte aproximação das questões do campo político-social de saúde (mercado de trabalho, relações de trabalho, economia, organizações etc.) e, por outro, com as questões ético filosóficas do cuidado da saúde em sua integralidade no cuidado e na autonomia do sujeito (aspectos sociais, éticos, educacionais e psicológicos). De acordo com a PNH, entende-se por humanização:

> a valorização dos diferentes sujeitos implicados no processo de produção de saúde: usuários, trabalhadores e gestores. Os valores que norteiam esta política são a autonomia e o protagonismo dos sujeitos, a corresponsabilidade entre eles, o estabelecimento de vínculos solidários e a participação coletiva no processo de gestão (PNH, 2006).

A expressão "humanização da saúde" em si é polissêmica, e os registros históricos apontam várias tentativas de delimitar o conceito. A discussão conceitual ao longo do tempo passou pelo entendimento inicial de que humanizar estaria relacionado ao ato de fazer caridade, de dar condição humana, por meio de ações dependentes de boa vontade e atitudes individuais, e alcançou o entendimento de que vários atores estariam envolvidos no processo. Portanto, a necessidade de se estabelecerem parcerias e acordos consensuais formais tornou-se obrigatória, e chegou a um estágio de direitos humanos igualitários e de responsabilidade global, o que requer mudanças na forma de pensar e de agir em uma verdadeira teia social, um modelo sistêmico em que o todo não menospreza as partes, mas compreende as inter-relações e a interdependência de cada uma delas (Figura 5.1). O desafio é imenso, pois revela subjetivações difíceis de ser construídas. No entanto, encarar as questões da realidade que se apresenta no mundo sem fronteiras, abrir espaço para o diálogo intercultural e compartilhar desde as mais simples ações até as mais avançadas tecnologias em humanização da atenção à saúde podem impulsionar os esforços do trabalho diário de cada um de nós, indicando que cada pessoa tem direito de acesso a uma equipe de atenção básica. Os governos dos estados brasileiros pautam-se nas diretrizes do SUS/PNH para fazer a gestão dos programas de humanização, de acordo com as necessidades específicas de cada região. O Quadro 5.1 mostra uma síntese das principais abordagens, documentos e movimentos organizados em todo o mundo com a finalidade de ampliar conhecimentos que possam nortear ações, estabelecer diretrizes, planos e metas em saúde coletiva e orientar ações práticas entre os sujeitos envolvidos de forma mais eficaz e efetiva.

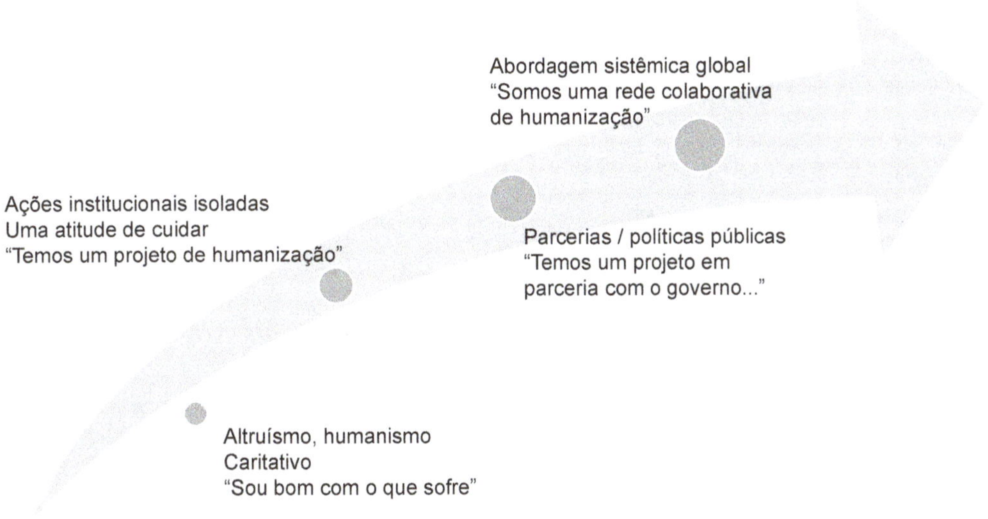

Abordagem sistêmica global
"Somos uma rede colaborativa
de humanização"

Ações institucionais isoladas
Uma atitude de cuidar
"Temos um projeto de humanização"

Parcerias / políticas públicas
"Temos um projeto em
parceria com o governo..."

Altruísmo, humanismo
Caritativo
"Sou bom com o que sofre"

Figura 5.1 - Conceito de humanização.

Quadro 5.1 - Evolução em saúde

Ano	Documentos/eventos de referência	Base conceitual
1948	» Declaração Universal dos Direitos do Homem	» Direitos fundamentais das pessoas
1972	» Hospital Mount Sinai, Boston, EUA - Direitos do Paciente	» Primeiros registros sobre direitos do paciente
1973	» Associação Americana de Hospitais - Patient's Bill of Rights (Carta dos Direitos do Paciente)	» Direito à informação e ao consentimento
1978	» Declaração de Alma-Ata, URSS – Conferência Internacional sobre Cuidados Primários de Saúde	» Cuidados primários em saúde Saúde é um direito humano fundamental – Saúde para todos
1979	» Comunidade Econômica Europeia "Carta do Doente Usuário de Hospital"	» O direito do paciente à autodeterminação, o direito para aceitar ou recusar os cuidados propostos pelos profissionais de saúde
1984	» Parlamento Europeu – Carta Europeia dos Direitos do Paciente	» Direito ao tratamento e prognóstico, o direito à consulta, ao prontuário médico e a consentir ou recusar tratamento
1986	» Declaração de Ottawa, Canadá – I Conferência Internacional de Promoção da Saúde	» Promoção da saúde
1988	» Declaração de Adelaide – II Conferência Internacional de Promoção da Saúde » Constituição Federal do Brasil	» Criação de ambientes favoráveis para que as pessoas possam viver vidas saudáveis » Criação do SUS: garantir a toda a população brasileira o acesso universal às ações e serviços de saúde (Lei nº 8.080/90)
1991	» Declaração de Sundsval – III Conferência Internacional de Promoção da Saúde	» Todos têm um papel na criação de ambientes favoráveis e promotores de saúde – Justiça social em saúde

Ano	Documentos/eventos de referência	Base conceitual
1992	» Declaração de Santa Fé de Bogotá	» Saúde e desenvolvimento
1997	» Declaração de Jacarta, Indonésia – IV Conferência Internacional de Promoção da Saúde	» Promoção da saúde no século XXI – Incluiu o setor privado
1998	» Rede de Megapaíses para a Promoção da Saúde	» Agenda mundial de políticas de promoção da saúde
2000	» Declaração do México – V Conferência Internacional de Promoção da Saúde	» A promoção da saúde deve ser um componente fundamental das políticas e programas públicos em todos os países, na busca de equidade e melhor saúde para todos
2000	» 11ª Conferência Nacional de Saúde	» Acesso, qualidade e humanização na atenção à saúde com controle social
2002	» Lei nº 10.424/02 acrescenta capítulo e artigo à Lei Orgânica da Saúde (Lei nº 8.080/1990)	» Atendimento e internação domiciliar no âmbito do SUS
2003	» Política Nacional de Humanização (PNH)	» Mudanças nos modos de gerir e cuidar no SUS

5.2 A Política Nacional de Humanização (PNH)

> Atenção Primária de Saúde e Atenção Básica são expressões comumente utilizadas para se referir ao nível de atenção mais elementar de um sistema de saúde, em que se oferta um conjunto de serviços e ações capazes de interferir positivamente sobre a maioria das necessidades de saúde de uma determinada população, constituindo-se no primeiro e preferencial contato da população com o sistema de saúde. Esse nível de assistência tem sido considerado a "porta de entrada" do sistema de saúde, a partir de onde se estabeleceriam relações com níveis de média e alta complexidade/custo (HumanizaSUS, 2010. p.13-14).

O objetivo da PNH é qualificar práticas de gestão e de atenção em saúde, o que implica necessariamente uma interpretação de abordagem sistêmica, uma vez que envolve gestores, trabalhadores e usuários, reconhecendo que os fenômenos percebidos pela população e pelos trabalhadores, como desumanização, não são necessariamente consequência de posturas éticas e comportamentos individuais, mas também relacionados às formas de se organizar os processos de trabalho e fazer a gestão de forma integrada em todas as etapas (planejamento, implementação e avaliação dos processos de produção de saúde e de formação dos trabalhadores em saúde). Os principais geradores de problemas que são percebidos como situações desumanizadas são:

» filas longas e tempo de espera prolongado;

» insensibilidade dos trabalhadores diante do sofrimento das pessoas;

» tratamentos desrespeitosos: precariedade nas relações com os usuários e entre profissionais;

» isolamento das pessoas da rede sociofamiliar durante os procedimentos;

» consultas e internações: fragmentação nos processos de trabalho;

» práticas autoritárias: desrespeito aos direitos dos usuários;

» deficiências nas condições concretas de trabalho;

» falta de qualificação para o trabalho.

Assim, para superar esses e outros desafios, desde 2003 a PNH do SUS, pautada nos princípios da transversalidade, da indissociabilidade entre atenção e gestão, do protagonismo, corresponsabilidade e autonomia dos sujeitos e coletivos, procura afastar-se do enfrentamento de comportamentos e atitudes individuais inadequados e passou a investir na formação em humanização na perspectiva metodológica de inclusão, uma vez que formação não deve estar dissociada dos processos de mudança. Nesse sentido, as práticas de formação em humanização incluem as questões relacionadas aos espaços da gestão, ao cuidado, à formação e aos sujeitos e coletivos envolvidos, e pode ser encarada como importante estratégia de disseminação, sensibilização e engajamento de agentes sociais no "movimento pela humanização", para sua continuidade e sustentabilidade (ver objetivos e eixos-foco dos cursos PNH no Quadro 5.2). As diretrizes que norteiam o trabalho da PNH são: acolhimento, gestão participativa e cogestão, ambiência, clínica ampliada e compartilhada, valorização do trabalhador e defesa dos direitos dos usuários.

> **Lembre-se**
>
> "Ética é a reflexão crítica sobre o comportamento humano que interpreta, discute e problematiza os valores, os princípios e as regras morais, à procura da 'boa vida' em sociedade, do bom convívio social" (FORTES, 1998).
>
> "Estudo dos juízos de apreciação referentes à conduta humana, do ponto de vista do bem e do mal. Conjunto de normas e princípios que norteiam a boa conduta do ser humano (FERREIRA, 2000).

Quadro 5.2 - Objetivos e eixos-foco dos cursos da PNH

Objetivos dos cursos da Política Nacional de Humanização	
» Formar trabalhadores/gestores como "apoiadores institucionais", capazes de analisar, disparar e consolidar processos de mudança nos modelos de atenção e nos modos de gestão em saúde.	
» Construir um processo de formação que resulte em práticas concretas e coletivas de intervenção nos espaços de trabalho.	
» Permeando esses objetivos, almeja-se a formação de equipes/coletivos que produzam e fomentem redes capazes de aumentar os graus de transversalidade da PNH, ampliando a integração de novos representantes das instituições e serviços do SUS.	
Eixos-Foco do Curso	Referenciais com os quais a PNH Opera
Humanização das práticas de atenção e de gestão no SUS.	Concepção de humano e de humanização.
Formação de trabalhadores/gestores como apoiadores institucionais da PNH.	Concepção de apoio e de apoiadores institucionais.
Fomento à constituição de redes.	Concepção de redes.
"Formação" como estratégia de investimento na transversalização da PNH.	Concepção de transversalidade. (Maior alcance de sujeitos, instâncias, redes; outra forma de "alcance" etc.).
"Formação" no referencial de intervenção na realidade - Perspectivas: » Pedagógica. » Processo de trabalho. » Planejamento. » Avaliação.	» Concepção de formação-intervenção. » Concepção de trabalho e processo de trabalho. » Concepção de intervenção e planos de intervenção. » Concepção de avaliação (avaliação formativo-reguladora).

Fonte: Cadernos HumanizaSUS, v. 1, 2010.

5.3 Rede HumanizaSUS (RHS)

O novo cenário em torno das tecnologias de informação e comunicação (TICs) possibilitou à PNH criar uma rede de colaboração para humanização da gestão e da atenção no SUS, a Rede RHS. Com essa rede social, as pessoas que de alguma forma estiveram ou estão envolvidas em processos de humanização da gestão e do cuidado no SUS, seja como gestor, educador/orientador, aprendiz ou usuários, podem trocar informações entre si, ou, ainda, com pessoas interessadas tanto na área da saúde como em outras áreas correlatas. A RHS disponibiliza materiais de formação sobre a PNH (revistas, cadernos e outras publicações importantes), *links* de acesso a informações gerais, notícias, legislação, filmagens de participação em diversos eventos (congressos, seminários, palestras), além de outras produções audiovisuais da PNH. A RHS articula as demais políticas em torno do eixo humanização e saúde, e estreita os laços entre todas as pessoas e organizações comprometidas com a valorização e a defesa da vida.

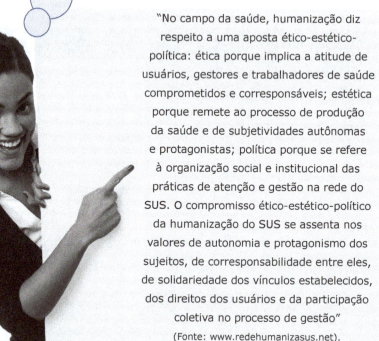

A RHS também possui um glossário contendo os principais termos em humanização e saúde. Consulte!

"No campo da saúde, humanização diz respeito a uma aposta ético-estético-política: ética porque implica a atitude de usuários, gestores e trabalhadores de saúde comprometidos e corresponsáveis; estética porque remete ao processo de produção da saúde e de subjetividades autônomas e protagonistas; política porque se refere à organização social e institucional das práticas de atenção e gestão na rede do SUS. O compromisso ético-estético-político da humanização do SUS se assenta nos valores de autonomia e protagonismo dos sujeitos, de corresponsabilidade entre eles, de solidariedade dos vínculos estabelecidos, dos direitos dos usuários e da participação coletiva no processo de gestão"
(Fonte: www.redehumanizasus.net).

5.4 Humanização hospitalar

O conceito de hospital da OMS é aplicado a todos os estabelecimentos que em sua dimensão estrutural tenham ao menos cinco leitos para internação de pacientes, sejam capazes de garantir atendimento básico de diagnóstico e tratamento e, ainda, que tenham equipe clínica organizada, contratada pelos trâmites de admissão e assistência permanente prestada por médicos. Ainda de acordo com a OMS (2000), o novo papel dos hospitais exige deles um conjunto de características (observe o Quadro 5.3 e a Figura 5.2).

Quadro 5.3 - Características dos hospitais

> » Ser um lugar para manejo de eventos agudos.
> » Deve ser utilizado exclusivamente em casos em que haja possibilidades terapêuticas.
> » Deve apresentar uma densidade tecnológica compatível com suas funções, o que significa ter unidades de tratamento intensivo e semi-intensivo; unidades de internação; centro cirúrgico; unidade de emergência; unidade de apoio diagnóstico e terapêutico; unidade de atenção ambulatorial; unidade de assistência farmacêutica; unidade de cirurgia ambulatorial; unidade de hospital dia; unidade de atenção domiciliar terapêutica etc.
> » Deve ter uma escala adequada para operar com eficiência e qualidade.
> » Deve ter um projeto arquitetônico compatível com as suas funções e amigável aos seus usuários.

Fonte: OMS, 2000.

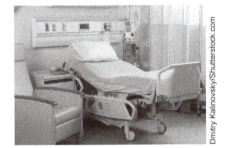

Figura 5.2 - Características dos hospitais (OMS).

No Brasil, a situação da atenção hospitalar carrega dificuldades em várias dimensões que se inter-relacionam, ampliando ainda mais o grau de complexidade das dificuldades. Inúmeros estabelecimentos não atendem à maioria dessas características estabelecidas pela OMS, e são tradicionalmente burocráticos, autoritários e centralizadores. Em se tratando da distribuição de recursos e de pessoal, a discrepância entre as regiões Norte e Nordeste e as regiões Sul e Sudeste é notória (Figura 5.3). No entanto, desde que o Programa Nacional de Humanização da Assistência Hospitalar (PNHAH) lançado, em 2000, e extinto e substituído pela PNH, uma parte significativa tem sido dedicada à atenção hospitalar. A rede de serviços hospitalares ultrapassa as 7,5 mil instituições que produzem mais de 11 milhões de internações por ano (DATASUS/MS, 2008).

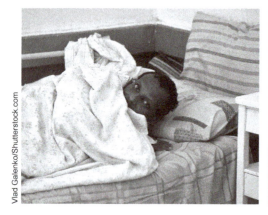 

Figura 5.3 - Condições hospitalares em duas realidades diferentes.

> **Amplie seus conhecimentos**
>
> Visite a Biblioteca Virtual em Saúde do Ministério da Saúde (BVS-MS)
>
> Na seção Publicações estão disponíveis livros, revistas, folhetos, cartazes e apresentações referentes à produção editorial do Ministério da Saúde e entidades vinculadas, bem como instituições parceiras e colaboradores do projeto. As informações podem ser acessadas tanto em formato eletrônico quanto referencial.
>
> A área temática Humanização é uma iniciativa da Coordenação Geral de Documentação e Informação/Subsecretaria de Assuntos Administrativos/Secretaria Executiva do Ministério da Saúde, em parceria com a Secretaria de Atenção à Saúde, por meio da Política Nacional de Humanização. Tem por objetivo recuperar e divulgar as fontes de informação técnicas, científicas, normativas e educativas referentes à Política Nacional de Humanização e demais temas relacionados, produzidas pelo Ministério da Saúde e instituições parceiras. Busca também reunir entidades colaboradoras, estruturando uma rede que objetiva o registro acesso on-line à literatura e aos materiais educativos de interesse público nessa área.
>
> Para mais informações, acesse <http://bvsms.saude.gov.br>.

5.4.1 Ambiência hospitalar

Na área hospitalar, ambiência é um termo relacionado ao tratamento que se dá a todos os espaços físicos (áreas internas e externas) do meio ambiente hospitalar. Também é considerado um espaço social dotado de recursos de atendimento profissional, materiais e equipamentos adequados e confortáveis, processos de trabalho facilitadores da qualidade do serviços e das relações interpessoais.

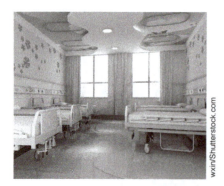  

Figura 5.4 - Ambiência: espaço físico interno e externo.

Quadro 5.4 - Contribuições de ambiência na humanização hospitalar

Confortabilidade

Contribuições no processo de produção de saúde

» Morfologia (forma, dimensão, volume).
» A luz (iluminação natural ou artificial).
» Cheiro (odores que podem compor o ambiente).
» Som (música ambiente em alguns lugares e proteção acústica em outros).
» A sinestesia (percepção do espaço pelos movimentos, assim como superfícies e texturas).
» A arte (inter-relação e expressão das sensações humanas).
» A cor (estímulo aos sentidos).
» Áreas externas (espera e descanso de trabalhadores, pacientes e acompanhantes).
» Privacidade e individualidade (proteção da intimidade).
» Arquitetura (salas multifuncionais; espaços adequados a visita aberta; espaço para acompanhante).
» Informação e sinalização (sinalização e placas).
» Trabalhador no hospital (área de estar e copa).
» Respeito à cultura e às diferenças (considerar valores e costumes da comunidade em que o hospital está inserido).
» Acolhimento com classificação de risco (área de emergência/vermelho + área amarela e área verde = sala de retaguarda e sala de observação), (área de pronto atendimento/azul + área amarela = área de assistência, apoio a procedimentos, ressaltando a presença do acompanhante).

Fonte: Ministério da Saúde, 2006.

5.4.2 Ações de humanização na rede SUS

Os princípios que orientam a implementação de ações de humanização na rede SUS são destacados no quadro a seguir.

Quadro 5.5 - Contribuições de confortabilidade em humanização hospitalar

Confortabilidade

Humanização no processo de trabalho da produção de saúde

» Ampliar o diálogo entre os trabalhadores, entre trabalhadores e população, entre trabalhadores e administração, promovendo a gestão participativa, colegiada, e a gestão compartilhada dos cuidados/atenção.
» Implantar, estimular e fortalecer grupos de trabalho de humanização com plano de trabalho definido.
» Estimular práticas de atenção compartilhadas e resolutivas, racionalizar e adequar o uso dos recursos e insumos, em especial o uso de medicamentos, eliminando ações intervencionistas desnecessárias.
» Reforçar o conceito de clínica ampliada: compromisso com o sujeito e seu coletivo, estímulo a diferentes práticas terapêuticas e corresponsabilidade de gestores, trabalhadores e usuários no processo de produção de saúde.
» Sensibilizar as equipes de saúde para o problema da violência em todos os seus âmbitos de manifestação, especialmente no meio intrafamiliar (criança, mulher e idoso) e para a questão dos preconceitos (racial, religioso, sexual, étnico e outros) na hora da recepção/acolhida e encaminhamentos.
» Adequar os serviços ao ambiente e à cultura dos usuários, respeitando a privacidade e promovendo ambiência acolhedora e confortável.
» Viabilizar a participação ativa dos trabalhadores nas unidades de saúde, por meio de colegiados gestores e processos interativos de planejamento e tomadas de decisão.
» Implementar sistemas e mecanismos de comunicação e informação que promovam o desenvolvimento, a autonomia e o protagonismo das equipes e da população, ampliando o compromisso social e a corresponsabilização de todos os envolvidos no processo de produção da saúde.
» Promover ações de incentivo e valorização da jornada integral ao SUS, do trabalho em equipe e da participação em processos de educação permanente que qualifiquem sua ação e sua inserção na rede SUS.
» Promover atividades de valorização e de cuidados aos trabalhadores da saúde, contemplando ações voltadas para a promoção da saúde e a qualidade de vida no trabalho.

Fonte: Ministério da Saúde, 2006.

5.4.3 Relação dos profissionais de saúde com os pacientes

De modo geral, os princípios bioéticos que norteiam a conduta e a postura dos profissionais de saúde em relação aos pacientes se referem ao papel do profissional assumindo a linha de consultor, orientador e amigo, esclarecendo dúvidas sobre os problemas de saúde, seus agravantes e tipos de tratamento, oferecendo auxílio sempre que o paciente precisar e solicitar e respeitando a autonomia do paciente, sem, contudo, deixá-lo tomar decisões sozinho. Os princípios básicos que regem esse relacionamento seriam:

» veracidade: compromisso com a verdade (diagnóstico, prognóstico, tratamento etc.);

» privacidade: proteção aos documentos e às informações sobre o paciente;

» confidencialidade: garantia da preservação das informações sobre o paciente em segredo absoluto (não revelar informações a terceiros sem o consentimento do paciente);

» fidelidade: lealdade profissional; os interesses do paciente têm prioridade sobre outros interesses.

Espera-se que os profissionais de saúde sejam pessoas que gostem de ajudar pessoas, que desejem promover bem-estar e melhoria da condição de qualidade de vida daqueles que se encontram em tratamento e de seus familiares. Nesse sentido, apresentamos o depoimento do Dr. Edmir José Marin, docente universitário em curso de medicina e médico na rede SUS da Secretaria de Saúde do Estado de São Paulo e da Secretaria do Município de Mogi das Cruzes, atuando em regiões de alta vulnerabilidade social há cerca de 20 anos, em depoimento exclusivo para este capítulo.

Segundo ele, no passado, as iniciativas voltadas à humanização hospitalar se davam de maneira informal e dependiam de "boa vontade", pois não havia compromisso firmado entre equipes profissionais, gestores e governantes. Os indicadores de desumanização na atenção à saúde mais evidentes eram a forma de tratamento na recepção aos pacientes e as longas filas com tempo de espera excessivo. Embora houvesse tentativas de formar equipes multiprofissionais de humanização, as práticas exitosas que realmente podiam ser observadas se davam no âmbito de atuação das equipes de enfermagem. Com o advento da globalização e do acesso às tecnologias de informação e comunicação, incluindo-se a expressiva contribuição da imprensa e das redes sociais virtuais, a população passou a se tornar mais consciente, expondo suas mazelas e o "desatendimento" em rede nacional, atingindo diretamente os interesses dos poderes públicos local, municipal, estadual e central. Assim, diversas ações foram sendo implementadas, processos de trabalho foram reestruturados, houve investimento na formação e na capacitação de equipes multiprofissionais e a política de humanização passou a ter amparo em medidas de organização e incentivo. Por exemplo, o hospital que tem sua política de humanização de acordo com os critérios estabelecidos recebe bonificação financeira, e isso depende do envolvimento de todos. Outro exemplo que pode ser citado é o efetivo funcionamento dos canais de ouvidoria que deram voz à população, de forma que, atualmente os Grupos de Trabalho de Humanização (GTH) são uma realidade. Para o especialista em pré-natal de gestação de alto risco, o PNH é excelente, seu conjunto de diretrizes, cartilhas e diversos materiais de orientação e formação são de qualidade inquestionável. No entanto, ressalta que ainda há muito para ser feito, pois o sistema como um todo depende de ações individuais e coletivas, de gestores, profissionais de áreas operacionais, técnicas e de especialização, que nem sempre estão abertos às inovações do mundo contemporâneo, necessárias a novos modos de gestão do cuidado e dos processos de trabalho. Marin afirma ainda que em primeiro lugar é preciso muito conhecimento, boa formação e especialização;

em seguida, é preciso comprometimento, o querer fazer e o sentir-se bem fazendo – atender bem não é acertar o diagnóstico, prescrever o medicamento ou executar o procedimento cirúrgico, isso é aplicação do conhecimento técnico.

Fique de olho!

"Do ponto de vista do médico, o termo humanização sempre me incomodou, porque a base fundamental do trabalho médico é a humanização. O médico jamais pode ser desumano, ele não é formado para ser desumano, inclusive faz um juramento pela humanização - é seu papel, e esse papel tem o poder de contaminar o ambiente hospitalar como um todo, um poder transformador. O diferencial da humanização está no querer fazer, no ter prazer em fazer, no querer atender bem: está no sorriso, no bom-dia, na forma de perguntar sobre os sintomas físicos e psicológicos, no levantar-se na despedida do paciente, no "se precisar me procure", enfim, está no ser integralmente Humano. [...] às vezes, uma palavra pode modificar o ânimo - a contaminação do bem-estar e a disseminação da cultura de humanização funcionam, e podem melhorar a vida dos pacientes, dos familiares, dos trabalhadores, e contribuir para a melhoria na saúde do País" (MARIN, 2014).

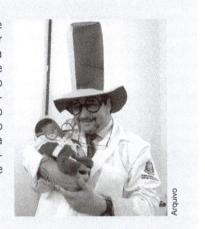

5.5 Grupos de trabalho de humanização

A partir do PNH para o SUS foram criados os Grupos de Trabalho Humanizado (GTH), com o objetivo de promover intervenções na melhoria dos processos de trabalho e na qualidade da produção de saúde para todos. Os grupos podem ser formados em qualquer instância do SUS, desde que tenham pessoas interessadas (profissionais da saúde, técnicos, funcionários, gestores, coordenadores, usuários e outros) em ao menos discutir as questões relacionadas aos processos de trabalho, a dinâmica das equipes e suas relações, tanto entre os colegas de trabalho quanto com os usuários. Um movimento que escuta, discute, propõe novas ideias, promove ações, estimula a comunidade, monitora e avalia projetos de humanização.

Dentre os principais exemplos de ações de humanização hospitalar, destacam-se:

» melhoria das instalações e condições ambientais;
» formação de GTH;
» melhoria do acesso ao atendimento;
» melhoria das tecnologias de informação e comunicação;
» saúde e qualidade de vida dos trabalhadores;
» sensibilização para o atendimento humanizado;
» processo de educação continuada;
» otimização de protocolos clínicos e processos;
» redes sociais de suporte e humanização nos cuidados com a saúde;
» gestão participativa;
» humanização nos cuidados de saúde da criança, incluindo as vítimas de abuso sexual;

» humanização da assistência ao parto e nos cuidados de saúde da mulher;

» humanização nos cuidados de saúde do idoso;

» humanização em UTI e UTI neonatal;

» humanização no processo de doenças em estágio terminal;

» programa de visita aberta e o direito a acompanhante;

» acolhimento à família cuidadora;

» acolhimento às crianças (brinquedoteca, berçário virtual, literatura infantil, *kit* lúdico etc.);

» trabalho multidisciplinar;

» atenção na morte.

Fique de olho!

O Ministério da Saúde tem desenvolvido grandes esforços para incentivar o aprimoramento da assistência hospitalar à população e a melhoria na gestão das instituições hospitalares. Com esse objetivo, tem implementado programas como o de Centros Colaboradores para a Qualidade da Gestão e Assistência Hospitalar, o de Humanização da Assistência, o de Modernização Gerencial dos Grandes Estabelecimentos e o de Acreditação Hospitalar. Tem realizado também significativos investimentos no reequipamento e na reforma de inúmeros hospitais em todo o país.

O Sistema Brasileiro de Acreditação (SBA), por meio da Organização Nacional de Acreditação (ONA), tem por objetivo geral promover a implantação de um processo permanente de avaliação e de certificação da qualidade dos serviços de saúde, permitindo o aprimoramento contínuo da atenção, de forma a garantir a qualidade na assistência, em todas as organizações prestadoras de serviços de saúde do país. Em 2013, a ONA tornou-se membro da ISQua – International Society for Quality in Health Care.

Vamos recapitular?

Neste capítulo abordamos o conceito de humanização da atenção à saúde, pautado em princípios éticos que dão a base para a estruturação de políticas públicas e programas de atenção à saúde a serem desenvolvidos em colaboração entre as partes envolvidas (profissionais, gestores, usuários e familiares). Nesse sentido, vimos que no Brasil a Política Nacional de Humanização fornece as ferramentas necessárias em todas as etapas de um trabalho humanizado em saúde, do planejamento dos processos de trabalho à formação dos trabalhadores em saúde, acompanhamento e avaliação dos resultados das práticas implementadas. Vimos rapidamente a forma com que as tecnologias de informação e comunicação estão dando "voz" aos envolvidos e a troca compartilhada de experiências, por meio da Rede HumanizaSUS. Ao final, abordamos aspectos relativos à humanização hospitalar no que se refere à ambiência e às relações dos profissionais de saúde e dos demais personagens envolvidos nas ações práticas de humanização, exemplificando algumas ações.

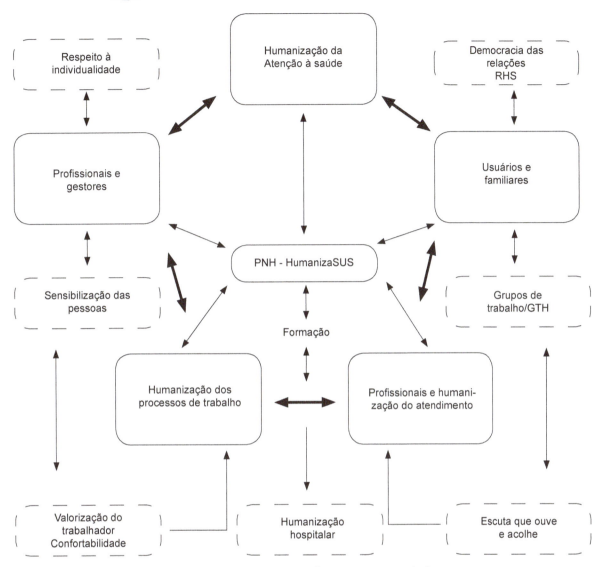

Figura 5.5 - Mapa conceitual que resume o capítulo.

Agora é com você!

1) Faça uma representação gráfica do conceito de humanização da atenção à saúde, utilizando apenas quatro palavras, que poderiam ser utilizadas em uma construção textual.

2) O que representa a "formação" para a Política Nacional de Humanização?

3) Quando falamos em humanização hospitalar, o foco principal são as instalações modernas e higienizadas adequadamente. Você concorda com essa afirmação? Justifique sua resposta.

4) Cite duas situações geradoras de problemas que são percebidas como de desumanização na atenção à saúde, e explique como essas situações poderiam ser resolvidas.

O Trabalho como Mercadoria: Processo de Alienação

6

Para começar

Sabemos que o mundo empresarial evoluiu e que as relações sociais e do trabalho requerem novas abordagens para tratar das negociações trabalhistas. O novo cenário exige informação, atualização, atitudes assertivas e imbuídas de um propósito maior, voltado à humanização nos processos de trabalho e com foco no bem-estar da coletividade e da sustentabilidade do planeta. Então, neste capítulo, começaremos fazendo uma abordagem em torno do trabalho visto como mercadoria, as bases do processo de alienação na vida das pessoas, em especial na vida do trabalhador, e abriremos reflexões para as novas alternativas no mundo do trabalho, que já se voltou para os trabalhadores, considerados capital intelectual dentro das organizações.

Bom estudo!

6.1 O trabalho como mercadoria

Tratar o trabalho como uma mercadoria é um paradoxo, pois a natureza do trabalho não permite uma redução simples às lógicas da oferta e da demanda. Por outro lado, quando se analisa o mercado, a transação que os indivíduos fazem entre sua capacidade de trabalho e o preço (salário) ofertado, descobrimos que o processo é semelhante à negociação de uma mercadoria, como por exemplo no mercado da cultura, que envolve a criação artística, já que as obras e atividades culturais, como a música, dança, teatro, artesanatos e outros têm uma dimensão profissional que é parcialmente redutível aos seus elementos econômicos. Dados do Instituto de Pesquisa Econômica Aplicada (Ipea) apontavam, em 2008, que a população brasileira em idade ativa era de 189,9 milhões de pessoas, das quais 52% eram economicamente ativas (aproximadamente 99,5 milhões de pessoas). Agora, observe: dos 52% economicamente ativos, 93% estavam ocupados, dos quais 52% em atividades informais. A informalidade é caracterizada pelo trabalho por conta própria, sem carteira profissional registrada e sem a garantia dos direitos da Consolidação das Leis do Trabalho (CLT), assim como não contempla o Regime Jurídico Único (RJU).

Então, vejamos!

Na sociedade capitalista, objetos, mão de obra em serviços e até ideias são vendáveis. Fala-se inclusive em "vendabilidade universal", ou seja, seria possível vender-se de "tudo", e, assim, "tudo" teria uma característica de mercadoria. Cabe aqui ressaltar que nesse "tudo" estão em jogo questões éticas que freiam abusos e atitudes utilitaristas que podem colocar em situação vulnerável todos os avanços da humanidade em relação a constituição familiar, direitos humanos e abusos de poder. Nesse sentido, nosso foco se limita à abordagem da alienação entendida como um processo, em que o trabalho dos seres humanos ficaria à disposição para vendas, ao preço definido pelo mercado. Já que o trabalho é feito pela pessoa, entende-se que ela não estaria exercendo nenhuma influência sobre o valor de seu trabalho, apenas se submetendo ao valor estabelecido.

Como vimos nos capítulos anteriores, em toda sua existência, os seres humanos estabeleceram relações com a natureza para obtenção de matérias-primas que se transformariam em produtos necessários a sua subsistência. Isso se deu por meio do processo de trabalho, inicialmente de forma manual, e aos poucos avançando nos diferentes tipos de ferramentas de trabalho, que foram do martelo de pedra lascada aos equipamentos digitais que funcionam a um simples toque, ao som da voz ou até pelo movimento da retina. Ocorre que, das necessidades básicas dos seres humanos, como exemplificamos no Capítulo 4 ao apresentarmos a pirâmide hierárquica das necessidades humanas, proposta por Maslow, as atividades do trabalho passaram a gerar valores cada vez maiores em função dos meios de produção (ferramentas/tecnologias) que cada indivíduo, grupo ou sociedade possui, produzindo em escala maior para ofertar àqueles que não detêm os meios de produção, adquirindo assim um valor de troca. Sabe-se que nas relações de troca as mercadorias a serem negociadas têm um valor representativo tanto para o possuidor da mercadoria quanto para o interessado nela. Esse valor é representado por um equivalente, a moeda. Dessa forma, os produtos obtidos com o trabalho são transformados em mercadorias que passam a ter o valor como de propriedade natural do próprio produto. Isso quer dizer que as relações sociais entre pessoas e seu trabalho podem adquirir uma característica de relações entre "coisas". Essa é uma das indagações inspiradas nas teorias de Karl Marx, que também é responsável pelo entendimento do conceito de capital - "Dinheiro como dinheiro e dinheiro como capital diferenciam-se primeiro por sua forma diferente de circulação" (MARX, 1983, p.125).

M-D-M — Dinheiro é usado para comprar mercadoria = vender para comprar (valor de uso)

Dinheiro é usado para produzir mercadoria = comprar para vender (valor de troca)

M-D-M

D-M-D'

Nessa relação, o dinheiro final resultante da venda tem um excedente, um "a mais" do que o valor do dinheiro empregado na compra, pois o produto saiu com um valor a mais, adquirido durante o processo de produção. A esse valor excedente Marx denominou mais-valia, e atribuiu à mais-valia a origem do conceito de capital (valor de troca) – (D=dinheiro e M=mercadoria).

A partir desses pressupostos teóricos, a força de trabalho é vista como mercadoria, porque o trabalhador não teria outra mercadoria para vender a não ser sua capacidade de trabalhar, sua força de trabalho, pois não possuiria os meios de produzir. Ainda nessa perspectiva, diz-se que o trabalhador alienou a propriedade de seu trabalho, já que passa sua força de trabalho para o contratante, que poderá agregar valor (o excedente) ao produto final, que não é pago ao trabalhador, pois ele foi pago, por exemplo, pelo seu dia de trabalho. Essa contratação da mão de obra, da força de trabalho, não pode privar o trabalhador de tempo disponível para exercer outras atividades que lhe proporcionem lazer ou para seu desenvolvimento intelectual, dedicando-se a novos conhecimentos científicos, culturais ou tecnológicos. Em resumo, não pode aprisionar o trabalhador ao seu produto.

Lembre-se

Figura 6.1 - Consumo no reino animal.

O Trabalho como Mercadoria: Processo de Alienação

6.2 O processo de alienação

Popularmente, diz-se que o indivíduo alienado é aquele que está desligado dos acontecimentos, principalmente dos problemas sociais, ou seja, deixa que os outros resolvam por ele, como se ele não fizesse parte da sociedade, e, portanto, não seria corresponsável por todos os acontecimentos reais, e menos ainda pela forma como as resoluções são encaminhadas.

Figura 6.2 - Representação do conceito de alienação.

O que temos observado no mundo do trabalho é que a busca pelo capital tem levado a sociedade a um processo de produção e de consumo desenfreados. Essa corrida alucinante tem colocado os trabalhadores à margem de sua humanização, alienados que ficam por essa busca, mergulhados profundamente em seu próprio trabalho, quando, na verdade, o produto de seu trabalho pertence a outra pessoa. Nesse sentido, o indivíduo alienado ao seu próprio trabalho fica exposto a relações familiares e sociais sofríveis, a situações de risco à saúde e, ainda, não sobra tempo para se especializar, correndo o risco de sofrer as mesmas consequências do passado, quando os servos se transformaram em operários.

Figura 6.3 - Alienação pela imersão no trabalhado: situação estressora de risco à saúde.

Os avanços científico e tecnológico já deixam antever para o futuro, além das mudanças nos tipos de oferta de trabalho atuais, mudanças ainda mais radicais, que requerem conhecimento tecnológico avançado, mantendo o trabalhador nessa simples condição ou mesmo desempregado, sem possibilidades de desenvolver todas as suas potencialidades.

Em nosso século XXI, estamos assistindo a novos formatos de produção de trabalho possibilitados pelas inovações tecnológicas. Muitos trabalhadores já realizam as tarefas de sua atividade profissional em casa, no chamado *home office,* escritório em casa. No entanto, se por um lado os avanços científico, tecnológico e de inovação dessas mudanças estão facilitando as práticas de trabalho e devolvendo às pessoas uma parte do tempo para que tenham a chance de sair do processo de alienação e alcançar sua liberdade desalienada, e mostra ainda que a valorização do capital continua crescendo, por outro, paradoxalmente, também mostram que a miséria, o abandono, a violência e as grandes catástrofes desencadeadas pelas mudanças climáticas são uma realidade competitiva.

Fique de olho!

O consumo pode ser alienado ou não.

» Consumo alienado: estimulado por desejos nunca satisfeitos, influenciado por publicidade, propaganda e modismos – o consumidor alienado abre mão de suas preferências.

» Consumo não alienado ou consciente: autonomia de escolha mesmo diante de influências externas criadas pela propaganda – é a liberdade de escolher o que consumir ou não consumir.

6.3 Capital humano-intelectual

Conforme comentamos no Capítulo 2, a era do conhecimento é agora. O capital deixou de ser apenas o dinheiro, e o conhecimento ganhou muito mais valor, tornando-se um produto de alto valor competitivo, difícil de ser substituído. As organizações que aprendem, como postulado por Peter Senge em *A quinta disciplina*, buscam fomentar as chamadas comunidades intelectuais que trabalham em equipes, preferencialmente interdisciplinares, sobretudo em áreas fundamentais para a empresa, como é o caso do marketing na Nike, por exemplo. Se um talento sair, outro dará continuidade ao processo de trabalho, daí a importância do investimento em conhecimento, ou seja, nas pessoas, no que elas sabem e podem fazer, de tal forma que são chamadas de "patrimônio intelectual".

Amplie seus conhecimentos

O nomadismo digital será o estilo de trabalho do futuro?

Com a expansão de vários mercados, como TI e criação de conteúdo digital, tornar-se *freelancer,* ou autônomo, está sendo cada vez menos complicado. Aliando esse cenário ao barateamento das passagens para viagens internacionais, criou-se um nicho para profissionais que trabalham de um jeito diferente. Os nômades digitais são pessoas que se beneficiam da tecnologia e da internet para trabalhar onde quer que estejam. Eles não têm um endereço ou moradia fixa, e optaram por abandonar as raízes de seu país de origem e por não ficar muito tempo num só lugar. Nunca sabem dizer de onde são aqueles *chips* de celular perdidos na bagagem, e geralmente tudo o que possuem cabe dentro de uma mala.

Os nômades digitais trabalham como qualquer outra pessoa, mas fazendo seus próprios horários e, geralmente, aproveitando paisagens maravilhosas. Quando o visto de turista está perto de vencer, eles partem para um novo destino. Daí a associação aos nômades de antigamente, que migravam de um lugar para o outro quando os recursos naturais se esgotavam. [...] Nos Estados Unidos, mais de 13 milhões de profissionais já trabalham pelo menos parte da sua jornada em casa. O número de empresas que permitem que seus funcionários trabalhem de onde quiserem aumentou 25% nos últimos anos [...]. (NEUTE, 2014)

Fernanda Neute trabalha como publicitária *freelancer* com foco em mídias digitais enquanto viaja pelo mundo como uma nômade. As experiências dela como viajante e sua pesquisa sobre felicidade podem ser vistos no blog FÊliz da Vida (http://www.felizcomavida.com/).

O capital humano está relacionado ao que as pessoas sabem, ao conhecimento que elas têm em determinadas áreas, à sua experiência individual adquirida, às suas habilidades, atitudes, criatividade e capacidade de resolver problemas, profissionalismo, sociabilização, comportamentos, que na prática se transformam nos produtos que as empresas desejam.

Na linguagem dos contadores, "os conceitos de ativos humanos e de capital humano são complementares. É o valor intrínseco de nosso pessoal que compõe o capital humano disponível para nós, e, ao mesmo tempo, esse valor é um ativo criador de valor (MAYO, 2003, p.16.). Com base nesse conceito, as pessoas são capazes de gerar valor para outros, porque, de certa forma, emprestam seu capital humano para uma organização, ao mesmo tempo em que esperam receber algum valor por isso. Dessa forma, as organizações, partindo do princípio de que souberam selecionar adequadamente esses ativos (pessoas), se preocupam em não as perder, já que são elas que carregam o conhecimento.

Diversas empresas já oferecem participação acionária a seus colaboradores. Um exemplo vem da Microsoft, empresa de tecnologia que tem 90 mil pessoas trabalhando em mais de 100 países. Eles constituíram uma sociedade para compartilhar a posse da companhia com os funcionários, simplesmente porque são eles que detêm o conhecimento sobre como escrever linhas de código de *softwares*. Assim, a oferta aos funcionários passou a ser um incentivo para que eles continuassem na empresa - "a empresa se divide aproximadamente ao meio, entre as pessoas que investiram capital financeiro na empresa – os acionistas externos – e as que investiram capital humano – os funcionários e fundadores" (EXAME, 1997).

Figura 6.4 - Sede da Microsoft.

Vamos recapitular?

A partir da reflexão sobre o paradoxo do trabalho visto como mercadoria, buscamos ampliar a visão sobre as tratativas em torno do caráter de negociação de mercadorias nas relações de trabalho. Abordamos o caráter valorativo da força de trabalho e do processo de troca que resulta em valor do trabalho e valor do produto do trabalho, tecendo considerações a respeito das consequências do processo de alienação no trabalho, na vida pessoal e social, de forma que é preciso ficar atento às mudanças para não se perceber engolido pelas cargas de trabalho sem dedicação ao desenvolvimento das potencialidades individuais. Com essa visão, compreender o ser humano como portador do conhecimento sobre o trabalho amplia sua valorização, momento em que abordamos o trabalhador como capital intelectual dentro das organizações, exercendo um papel mais ativo e gerando novos modelos de relacionamento entre as partes interessadas.

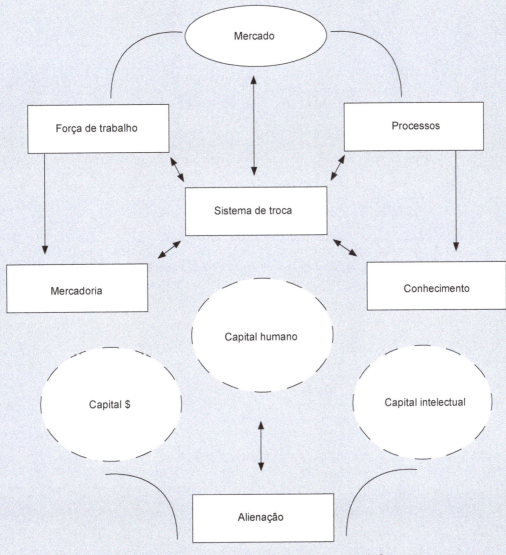

Figura 6.5 - Mapa conceitual que resume o capítulo.

Agora é com você!

1) Que consequências podem decorrer da alienação do trabalhador em relação a suas atividades humanas fora do ambiente de trabalho?

2) O que você entende por alienação?

3) Você acredita que as mídias sociais podem promover alienação? Explique.

4) Estabeleça uma relação entre valor excedente e capital humano.

7

Emprego, Desemprego e Subemprego

Para começar

Emprego, desemprego e subemprego são importantes indicadores de desenvolvimento social e humanização de um país. Assim, neste capítulo, abordaremos a relação entre as transformações do trabalho e as mudanças organizacionais, tendo a desindustrialização como um dos temas a ser considerado. Faremos uma breve exposição de dados estatísticos que demonstram taxas de renda, evolução da pobreza e fatores determinantes para a desigualdade e pobreza. Em seguida, apontaremos as implicações da informalidade na atividade de trabalho e, ao final, apresentaremos passos básicos para sair da informalidade por meio do empreendedorismo, mais especificamente do microempreendimento individual.

Vamos lá!

7.1 Desemprego: o que aconteceu?

A nova ordem mundial para as relações de emprego e trabalho está relacionada às tecnologias de informação e comunicação (TICs), às mudanças organizacionais e ao mercado de produtos e serviços. Não há como negar que o mundo atual exige novas competências dos trabalhadores dos níveis estratégico, gerencial e operacional. Ocorre que as transformações do trabalho, no contexto da globalização e do desenvolvimento tecnológico acelerado, fazem com que algumas profissões apareçam, enquanto outras simplesmente desapareçam. Sem adentrar nas discussões sobre o papel dos sistemas político e educacional arcaico, não podemos deixar de revelar a falta de políticas públicas, mecanismos e formas de dar aos trabalhadores oportunidade de se adequar às novas exigências em termos de conhecimentos técnicos operacionais e de gestão da vida pessoal e social, resultando no desemprego, às vezes temporário e por vezes definitivo. O desemprego definitivo é um dos motivos que geram transtornos sociais, que vão da concentração de renda aos gastos públicos com problemas de saúde física e/ou mental, entre outros que impactam no desenvolvimento social. Nesse sentido, há que se considerar a necessidade de reformas institucionais, principalmente na administração pública, relacionadas às políticas econômicas, às taxas cambiais e às normas restritivas aos investidores sociais que geram emprego e renda. Uma das tendências dos últimos anos tem sido o aumento do trabalho informal, de forma que pensar em novas alternativas para a geração de emprego e renda com igualdade de oportunidades para todos é fundamental para o desenvolvimento social sustentável.

No relatório da pesquisa mensal de emprego, realizada pelo IBGE em seis regiões metropolitanas: Recife, Salvador, Belo Horizonte, Rio de Janeiro, São Paulo e Porto Alegre, os dados para a estimativa do mês de abril de 2014 demonstraram que a taxa de desocupação ficou estável e que o rendimento caiu. Nesse mesmo mês, o contingente de desocupados foi estimado em 1,2 milhão de pessoas, no conjunto das seis regiões investigadas (Tabela 7.1).

Tabela 7.1 - Indicadores de distribuição da população desocupada,
por região metropolitana, segundo algumas características, em abril de 2014

População desocupada (%)	Total das seis áreas	Recife	Salvador	Belo Horizonte	Rio de Janeiro	São Paulo	Porto Alegre
Sexo							
Masculino	42,4	43,8	34,6	46,6	42,2	43,6	46,3
Feminino	57,6	56,2	65,4	53,4	57,8	56,4	53,7
Faixa etária							
10 a 14 anos	0,3	0,0	0,2	0,0	0,0	0,6	0,7
15 a 17 anos	7,7	4,0	7,4	9,8	4,6	9,6	5,8
18 a 24 anos	33,3	34,7	33,0	33,1	31,1	34,0	34,2
25 a 49 anos	50,3	55,4	51,0	47,4	52,4	48,8	49,7
50 anos ou mais	8,3	6,0	8,4	9,7	11,9	7,1	9,7
Anos de estudo							
Sem instrução e menos de 8 anos	14,7	19,2	17,7	18,7	13,4	11,8	20,1
8 a 10 anos	23,6	13,6	20,3	25,0	21,6	27,2	23,6
11 anos ou mais	61,7	67,1	62,0	56,3	65,0	61,0	56,3
Condição de trabalho							
Com trabalho anterior	81,9	83,0	76,0	85,4	83,4	82,7	79,7
Sem trabalho anterior	18,1	17,0	24,0	14,6	16,6	17,3	20,3

População desocupada (%)	Total das seis áreas	Recife	Salvador	Belo Horizonte	Rio de Janeiro	São Paulo	Porto Alegre
Condição na família							
Principal responsável	28,4	28,9	29,2	27,9	30,4	26,7	34,9
Outros membros	71,6	71,1	70,8	72,1	69,6	73,3	65,1
Com procura de trabalho							
Nos 7 dias	86,2	77,6	84,0	79,4	87,1	89,3	88,0
Nos 23 dias	13,8	22,4	16,0	20,6	12,9	10,7	12,0
Tempo de procura							
Até 30 dias	22,0	44,5	18,4	32,9	7,1	20,8	35,3
31 dias a 6 meses	52,0	35,4	42,2	54,1	55,0	56,9	54,0
7 a 11 meses	8,6	4,4	11,2	5,4	11,2	8,7	3,1
1 ano a menos de 2 anos	10,2	6,0	10,0	4,2	17,0	10,3	5,6
2 anos ou mais	7,2	9,7	18,1	3,3	9,8	3,3	2,1

Fonte: IBGE, 2014.

7.2 Industrialização em declínio

A industrialização sempre representou um processo pelo qual as indústrias movimentam a economia e criam um grande número de empregos. Isso começou na Europa e se estendeu para o mundo, chegando ao Brasil na década de 1930, gerando emprego e recrutando um grande contingente de mão de obra.

Nas três últimas décadas, houve um significativo aumento do setor de serviços. Essa nova forma de gerar emprego abriu demanda para mão de obra especializada e aos poucos foi se tornando uma atividade econômica que gera emprego e renda, levando o setor da indústria a perder a condição de única geradora de atividade econômica (ver Figura 7.1). Em um conceito abrangente, desindustrialização "seria caracterizada como uma situação na qual tanto o emprego industrial como o valor adicionado da indústria se reduzem como proporção do emprego total e do PIB, respectivamente" (DIEESE, 2011). Isso quer dizer que o processo de desindustrialização é um problema e que vai resultar em sociedades mais pobres. Os países mais desenvolvidos passaram por esse processo de forma natural, e hoje têm seu setor industrial diversificado, produzem tecnologia e sua população é escolarizada, profissionalmente qualificada e com altos níveis de renda, pois conquistaram riqueza justamente durante seu processo de industrialização. O problema ocorre quando a desindustrialização ameaça o crescimento econômico, a renda *per capita* ainda é baixa, ocorre a diminuição da qualidade de vida da população.

No Brasil, como a renda *per capita* ainda é baixa e a indústria de transformação agrega parcela ainda pequena ao Produto Interno Bruto, além dos déficits educacionais que se refletem na demanda por mão de obra especializada na área de serviços, a desindustrialização está na pauta das discussões acadêmicas, nas representações da indústria, nos sindicatos e nos vários setores de governo, para encontrar caminhos que não retardem, ainda mais, o desenvolvimento do país.

Emprego, Desemprego e Subemprego

 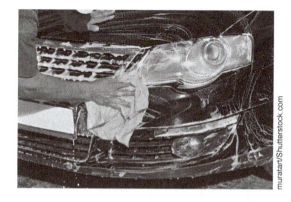
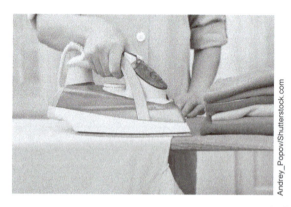 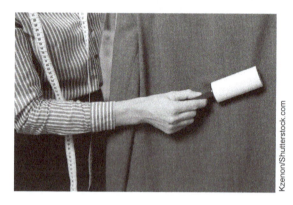

Figura 7.1 - Trabalho no setor de serviços.

7.3 Economia solidária

Desde a década de 1980, com o avanço da desindustrialização, a abertura do mercado global e a perda de milhares de postos de trabalho, o aumento do desemprego ficou evidente, obrigando as pessoas a morar juntas em favelas ou cortiços para reduzirem seus custos diante da pobreza. Em consequência, acabaram por criar novas formas de obter o sustento, por meio do trabalho autônomo individual e também coletivo (formação de cooperativas de trabalho). Essa nova forma de organização coletiva para geração de renda teve apoio de entidades da sociedade civil, como igrejas, sindicatos e universidades, ganhando força expressiva e a denominação "economia solidária". A demanda foi aumentando, e junto a essa demanda, surgiram falsas cooperativas, criadas por empregadores desonestos, com o intuito de não pagar encargos trabalhistas, fato que levava as verdadeiras cooperativas a reduzirem seus preços e sacrificarem os direitos de seus associados. Essa e outras movimentações colaboraram para que em 2003 o Congresso Nacional aprovasse projeto de lei que criou a Secretaria Nacional de Economia Solidária (Senaes), dentro do MTE. Além de defender a preservação dos direitos trabalhistas dos envolvidos em economia solidária, a Senaes está empenhada em combater a pobreza por meio das oportunidades que programas de governo oferecem (ver alguns programas de apoio do Governo Federal à economia solidária no Quadro 7.1).

Quadro 7.1 - Programas do Governo Federal

Programa	Objetivos gerais
Economia solidária em desenvolvimento	Promover o fortalecimento e a divulgação da economia solidária mediante políticas integradas, visando à geração de trabalho e renda, à inclusão social e à promoção do desenvolvimento justo e solidário.
Qualificação social e profissional (PNQ)	Promover a qualificação social, ocupacional e profissional do trabalhador articuladas com as demais ações de promoção da integração ao mercado de trabalho e de elevação da escolaridade.
Abastecimento agroalimentar	Contribuir para a expansão sustentável da produção por meio da geração de excedentes para a exportação e da atenuação das oscilações dos preços recebidos pelos produtores rurais; formar e manter estoques reguladores e estratégicos de produtos agropecuários para a regularidade do abastecimento interno e para a segurança alimentar e nutricional da população brasileira.
Rede Solidária de Restaurantes Populares	Ampliar a oferta de refeições prontas, nutricionalmente balanceadas, originadas de processos seguros e comercializadas a preços acessíveis.
Acesso à alimentação	Garantir à população em situação de insegurança alimentar o acesso à alimentação digna, regular e adequada, à nutrição e à manutenção da saúde humana.
Projeto Alfa-Inclusão	Alfabetização de jovens e adultos aliada ao desenvolvimento de uma consciência empreendedora dos alfabetizandos em sua comunidade.
Projeto Terra Sol	Criar meios para o desenvolvimento sustentável dos assentamentos de reforma agrária em bases solidárias; aumentar a renda das famílias; incrementar as atividades econômicas sustentáveis; valorizar as características, experiências e potencialidades locais e regionais; equidade de gênero; apoiar as iniciativas da juventude rural; respeitar e apoiar a diversidade socioeconômica e cultural; melhorar a qualidade de vida das famílias.
Programa Nacional de Fortalecimento da Agricultura Familiar (Pronaf)	Fortalecer a agricultura familiar promovendo sua inserção competitiva nos mercados de produtos e fatores.
Desenvolvimento Integrado e Sustentável do Semiárido (Conviver)	Criar condições de convivência da população com a seca do semiárido, contribuindo para uma agricultura forte e viável, com geração de renda e melhoria da qualidade de vida no sertão nordestino. Reduzir as vulnerabilidades socioeconômicas dos espaços regionais e sub-regionais com maior incidência de secas.
Etnodesenvolvimento das comunidades remanescentes de quilombolas	Desenvolver a economia para afirmar os laços de pertencimento em comunidades negras tradicionais e saber conviver com a economia capitalista.

Fonte: MTE/Senaes, 2005.

Na somatória dos programas de governo, o progresso brasileiro em distribuição de renda, segundo dados do Instituto de Pesquisa Econômica Aplicada – Ipea, entre 2001 e 2008, houve redução na desigualdade de renda e consequente redução no grau de pobreza, entendida como insuficiência de renda, da mesma forma que se observou expansão do acesso da população a uma ampla variedade de oportunidades (Gráfico 7.1 e Tabela 7.2).

Gráfico 7.1 - Taxa de crescimento médio da renda domiciliar *per capita* por décimos da distribuição – Brasil, 2001-2008

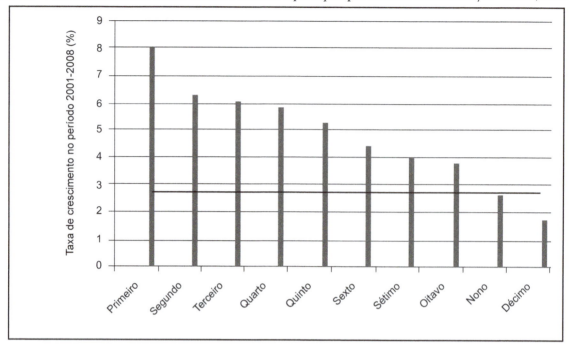

Fonte: PNADs 2001-2008/IBGE.

Tabela 7.2 - Evolução da pobreza e da extrema pobreza – Brasil, 2003 e 2008

(Em%)				
Indicadores	2003	2008	Pobreza em 25 anos como porcentagem do nível atual se a velocidade do Velocidade do progresso período fosse mantida	Velocidade do Progresso
Pobreza				
Porcentagem de pobres	39,4	25,3	0,11	extremamente acelerado
Hiato de pobreza	18,2	10,4	0,06	extremamente acelerado
Severidade da pobreza	11,1	6,0	0,05	extremamente acelerado
Extrema pobreza				
Porcentagem de extremamente pobres	17,5	8,8	0,03	extremamente acelerado
Hiato de extrema pobreza	7,3	3,7	0,04	extremamente acelerado
Severidade da extrema pobreza	4,4	2,4	0,05	extremamente acelerado

Fontes: PNADs 2003 e 2008/IBGE.
Notas[1] O hiato de pobreza e a severidade da pobreza estão expressos em múltiplos da linha de pobreza.
[2] Estão sendo utilizadas as linhas de pobreza regionalizadas considerando a média nacional para a pobreza de R$187,50 e para a extrema pobreza de R$ 93,75.

Entre 2001 e 2008, enquanto a renda dos 10% mais pobres crescia a 8% a.a., a dos 10% mais ricos crescia a apenas 1,5% a.a. Nesse mesmo período, a taxa de crescimento da renda não derivada do trabalho foi bem mais elevada - 12% contra 5% a.a. (ver Tabela 7.3).

Tabela 7.3 - Determinantes imediatos da queda na pobreza e na desigualdade – Brasil, 2001, 2007 e 2008

Factuais e contrafactuais	Renda percapita dos 10% mais pobres (R$/mês)	Renda percapita dos 10% mais ricos (R$/mês)	Razão entre a renda dos 10% mais ricos e 10% mais pobres	Renda percapita dos 10% mais pobres	Renda percapita dos 10% mais ricos	Razão entre a renda dos 10% mais ricos e 10% mais pobres	Determinante
2001	34	2316	68	-	-	-	-
2001 com a proporção de adultos de 2008	36	2398	66	11	33	11	Proporção de adultos
2001 com a proporção de adultos e a renda não trabalho de 2008	47	2456	53	42	23	54	Renda não derivada do trabalho
2001 com a proporção de adultos, a renda não trabalho e a taxa de ocupação de 2008	48	2558	54	4	41	-4	Taxa de ocupação
2008	58	2566	44	57	21	66	Renda do trabalho por trabalhador
2007	51	2475	49	-	-	-	-
2007 com a proporção de adultos de 2008	51	2488	49	10	15	9	Proporção de adultos
2007 com a proporção de adultos e a renda não trabalho de 2008	53	2542	48	27	59	19	Renda não derivada do trabalho
2007 com a proporção de adultos, a renda não trabalho e a taxa de ocupação de 2008	54	2546	47	6	4	6	Taxa de ocupação
2008	58	2566	44	57	21	66	Renda do trabalho por trabalhador

Fontes: PNADs 2001, 2007 e 2008/IBGE.

Figura 7.2 - Desigualdade nas condições de moradia dos mais ricos e dos mais pobres.

Emprego, Desemprego e Subemprego

Esses e outros dados na análise do Ipea mostraram que em 2008 a extrema pobreza foi reduzida à metade, quando comparada a 2003. Apesar desses resultados, o nível de desigualdade brasileiro ainda continua muito elevado:

> O que um brasileiro pertencente ao 1% mais rico pode gastar em três dias equivale ao que um brasileiro dos 10% mais pobres teria para gastar em um ano. [...] a pobreza e, em particular, a extrema pobreza ainda estão acima do que se poderia esperar de um país com a nossa renda *per capita*. (IPEA, 2011)

Lembre-se

O Instituto Brasileiro de Geografia e Estatística (IBGE) disponibiliza informações sobre os levantamentos demográficos e diversas pesquisas estatísticas e manutenção de indicadores sobre o Brasil, além de permitir que se baixem arquivos com os conteúdos das pesquisas.

7.4 Saindo da informalidade no mercado de trabalho

Como visto, é grande o número de trabalhadores que acabam ficando à margem da sociedade porque buscam sua subsistência por meio de atividades não formalizadas. De acordo com pesquisa realizada pelo Ipea, em seis regiões metropolitanas – São Paulo, Rio de Janeiro, Recife, Porto Alegre, Belo Horizonte e Salvador - , "o número de subempregados em agosto de 2013 avançou em comparação àquele registrado há dez anos, quando 2,5 milhões de brasileiros viviam sob essa condição". (IPEA, 2013)

Assim, uma das medidas adotadas pelo governo para reverter esse quadro foi a Lei Complementar nº 128, de 19 de dezembro de 2008, que criou condições especiais para que essas pessoas pudessem ter sua atividade de trabalho conhecida e reconhecida, tornando-se um microempreendedor individual - MEI, legalizado. O MEI pode trabalhar de forma individual, quer dizer, por conta própria, de forma legalizada como um pequeno empresário, podendo ter até um empregado. A partir de seu registro, o MEI passa a contar com as vantagens de ter sua atividade legalizada: Cadastro Nacional de Pessoas Jurídicas (CNPJ), que possibilita abertura de conta bancária e emissão de notas fiscais; isenção dos tributos federais (imposto de renda, PIS, Cofins, IPI e CSLL), pagando um valor fixo mensal, que no ano de 2014 é de R$ 37,20 para a área de comércio ou indústria, R$ 41,20 para prestação de serviços e R$ 42,20 para comércio e serviços. Essas quantias são destinadas à Previdência Social ou ao Imposto Sobre Serviços (ISS), de forma que o trabalhador passa a ficar amparado pela lei, tendo acesso a auxílio-doença, auxílio-maternidade, aposentadoria e outros.

Fique de olho!

Feira do Empreendedor promove milhares de oportunidades

A feira tem como objetivo fomentar a criação de um ambiente favorável para a geração de oportunidades de negócio e estimular o surgimento, a ampliação e a diversificação de empreendimentos sustentáveis, além de difundir o empreendedorismo como um estilo de vida. Cada feira é projetada de acordo com a cultura e a dinâmica econômica do local onde se realiza. É um lugar onde negócios podem ser criados ou reinventados e um evento marcante nas cidades onde acontece.

Para iniciar um processo de formalização de uma atividade por meio do microempreendimento individual, o primeiro passo seria fazer uma reflexão com lápis e papel na mão. Procedendo aos passos básicos iniciais, é possível realizar o processo de formalização com segurança.

Quadro 7.2 - Passos para iniciar um processo de formalização em uma atividade de trabalho

Explorando ideias – "Eu como microempreendedor individual (MEI)"

1º Passo - pesquisar sobre o que é ser um MEI - Microempreendedor Individual -, no Portal do Empreendedor: <http://www.portaldoempreendedor.gov.br/mei-microempreendedor-individual>

2º Passo - Pensar: se hoje eu resolvesse trabalhar por conta própria, de forma individual, como um MEI:

1. Qual seria o ramo do meu negócio? (beleza, esporte, moda, agronegócio, pet, turismo etc.).

2. Qual(ais) seria(m) meu(s) produto(s) ou serviço(s)? (o que eu faria ou produziria?)

3. Quem seria meu principal cliente?

4. Em que local eu desenvolveria a atividade? (físico ou virtual – em casa, loja na internet etc.).

5. Será que minha atividade é permitida? (Em "Atividades permitidas" ao MEI, verificar se o seu tipo de negócio poderia ser exercido sem a exigência de Auto de Licença de Funcionamento).

6. Como identificar a atividade (identificar o número do Cnae – Código Nacional de Atividades Empresariais) do meu negócio?

7. Qual é o meu principal objetivo com esse negócio?

8. Eu teria sucesso com esse negócio? Qual o ponto forte do meu negócio, que poderia garantir o meu sucesso? Qual o ponto em que sou mais vulnerável e que preciso redobrar atenção para pensar em promover melhoria?

9. O que eu espero obter com esse negócio?

10. Após pesquisar e refletir sobre o assunto, escrever brevemente sobre cada uma das perguntas acima.

3º Passo - Para saber mais: em caso de perguntas e respostas para outras dúvidas, verifique se sua cidade tem uma unidade do Sebrae e faça uma consulta.

Para mais informações, acesse: <http://www.sebrae.com.br/atendimento>, <http://www.sebrae.com.br/sites/PortalSebrae/sebraeaz/Microempreendedor-Individual-conta-com-o-Sebrae> e <http://www.portaldoempreendedor.gov.br/mei-microempreendedor-individual>.

A partir da promulgação da Constituição Federal, em 5 de outubro de 1988, nos termos do que determina o seu artigo 239, os recursos provenientes da arrecadação das contribuições para o PIS e para o Pasep foram destinados ao custeio do Programa do Seguro-Desemprego, do Abono Salarial e, pelo menos 40% ao financiamento de Programas de Desenvolvimento Econômico, esses últimos a cargo do Banco Nacional de Desenvolvimento Econômico e Social (BNDES).

A regulamentação do Programa do Seguro-Desemprego e do abono a que se refere o art. 239 da Constituição ocorreu com a publicação da Lei nº 7.998, de 11 de janeiro de 1990. Essa lei também instituiu o Fundo de Amparo ao Trabalhador (FAT) e o Conselho Deliberativo do Fundo de Amparo ao Trabalhador (Codefat).

O Programa do Seguro-Desemprego é responsável pelo tripé das políticas de emprego:

» **Benefício do seguro-desemprego:** promove a assistência financeira temporária ao trabalhador desempregado, em virtude de dispensa sem justa causa.

» **Intermediação de mão de obra:** busca recolocar o trabalhador no mercado de trabalho, de forma ágil e não onerosa, reduzindo os custos e o tempo de espera de trabalhadores e empregadores.

» **Qualificação social e profissional (por meio do Plano Nacional de Qualificação – PNQ):** visa à qualificação social e profissional de trabalhadores, à certificação e orientação do trabalhador brasileiro, com prioridade para as pessoas discriminadas no mercado de trabalho por questões de gênero, raça/etnia, faixa etária e/ou escolaridade.

Emprego, Desemprego e Subemprego

Vamos recapitular?

O avanço dos meios de comunicação e informação e o processo de desindustrialização, aliados ao aumento populacional, provocaram grandes transformações no mundo do trabalho, e o número de pessoas sem emprego formal passou a ser muito elevado. Vimos que os países mais desenvolvidos necessariamente não sofreram com essas mudanças, mas países como o Brasil, que ainda lutam para melhorar seus indicadores de desenvolvimento, ainda estão bastante comprometidos com o alto índice de pessoas desempregadas ou subempregadas. Na tentativa de contornar o problema, ou ao menos minimizar a situação, vimos que o governo tem se mobilizado para estruturar programas de apoio, incentivo e possibilidades reais de auxiliar os trabalhadores informais a se legalizarem e exercerem suas atividades profissionais com segurança e apoio. O apoio à geração de renda pela economia solidária representa um grande passo do Governo Federal na gestão do desemprego.

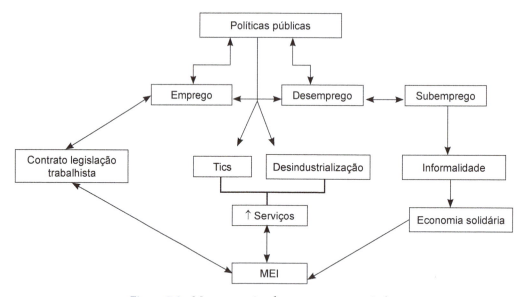

Figura 7.3 - Mapa conceitual que resume o capítulo.

Agora é com você!

1) Com o processo de desindustrialização, houve uma expansão do setor de serviços, mas parece que muitos trabalhadores perderam seus empregos. Comente.

2) Quais as características da economia solidária?

3) Considerando a somatória dos programas de governo para diminuir os índices de desemprego e pobreza no Brasil, os resultados estão sendo satisfatórios?

4) Refletindo sobre a situação da informalidade no Brasil, você saberia orientar uma pessoa que se encontra trabalhando na informalidade, por exemplo, um vendedor de roupas, um fornecedor de marmitas, um organizador de festas etc., a entrar no mercado formal de trabalho?

8

Qualificação do Trabalho e do Trabalhador

Para começar

Neste capítulo, começaremos contando uma pequena história que remonta ao período industrial, para abrir horizontes reflexivos sobre as mudanças conceituais, procedimentais e atitudinais que fazem parte da vida dos seres humanos em evolução contínua. Em seguida, abordaremos a relação entre questões relacionadas à qualificação profissional no âmbito das competências e das mudanças e às transformações sociais influenciadas pelo sistema de ensino. Trataremos da importância do pensamento sistêmico no mundo de relações multifatoriais e destacaremos o Plano Nacional de Qualificação.

Vamos em frente!

8.1 Era uma vez

Henry Ford, importante empresário americano, suplantou a produção de tipo artesanal, característica das indústrias automobilísticas na segunda metade do século XX, e implantou um novo modo de produção de automóveis em massa, mudando o rumo da indústria em todo o mundo. Naquele momento, a Administração ou Organização Científica do Trabalho era sistematizada por Frederick Taylor, que tinha por princípio básico a separação entre trabalho intelectual e manual - de um lado ficavam os diretores e gerentes, do outro, os trabalhadores da linha de produção. Assim, no modelo Ford--Taylor, os trabalhadores seguiam uma rígida norma de movimentos específicos, visando à economia de tempo e à maior produção, alijados de qualificação para outras funções que não as da linha de montagem. Ford mecanizou a maior parte das atividades, e a qualificação começou a ser analisada de forma mais sistemática. Tudo deu certo por muito tempo, tanto que sua posição ficou eternizada em várias versões para a frase *"Você pode ter o carro da cor que quiser, desde que seja preto"*, já que seu modelo de produção implantado era um sucesso econômico, e pouco importavam os desejos dos consumidores.

Enquanto isso... As mudanças do pós-guerra exigiam novos formatos para utilização de recursos materiais, humanos e financeiros, de forma que as tecnologias foram chegando e, aos poucos, microprocessadores estavam dentro das fábricas, a automação eletrônica, aliada à informática, ocupando espaço, e ao mesmo tempo a classe trabalhadora se mobilizava contra as estratégias de desqualificação capitalista que o modelo mecanicista das linhas de produção impunha. Atentos às mudanças, novos fabricantes de automóveis, como a japonesa Toyota, investiam em inovações tecnológicas, invadindo inclusive o mercado de Ford nos Estados Unidos. Desses movimentos surgiram novos questionamentos quanto às qualificações necessárias e à influência dos tipos de formação e níveis de escolaridade da força de trabalho na aplicação das novas tecnologias de produção e organização.

Algum tempo depois... Sociólogos em todo o mundo discutem a ruptura com o passado da sociedade baseada na produção em larga escala e as mudanças sociais estabelecidas pela nova revolução científico-tecnológica, exigindo novos paradigmas em termos de qualificação para enfrentar o novo todos os dias. O espaço de troca de informações e discussões nas atuais redes sociais virtuais e sem fronteiras influencia comportamentos coletivos e coloca em xeque os conceitos de qualificação para o trabalho. Conhecimentos gerais, técnicos e especializados em um só aplicativo promovem mudanças culturais, comportamentais e ambientais num piscar de olhos. Neste século, a frase de Ford talvez fosse: *"Você pode escolher a cor que quiser, personalizamos para você."* O pensamento sistêmico para perceber as necessidades humanas, as mudanças nos modos de produção e de comunicação no mercado de consumo parece ser qualificação vital para trabalhadores, empresários e governos se sustentarem.

8.2 Qualificação e qualificado

A começar pelo entendimento de que qualificação do trabalho estaria relacionada ao conteúdo do trabalho e à complexidade da tarefa, e qualificação do trabalhador estaria relacionada aos saberes e ao tempo necessário para apropriação dos conhecimentos (tempo de formação), explorar as relações atuais com a temática da qualificação requer um olhar para o mundo em "rede". Tentar entender a complexidade, a intersubjetividade e as incertezas que permeiam as relações entre trabalho, trabalhador, produtos e serviços pode ser um começo promissor. Estamos falando de uma abordagem sistêmica, de um pensar que vê o todo e suas partes, e, mais do que isso, consegue perceber as inter-relações entre as partes e a condição de interdependência entre cada uma delas. Em que pesem os avanços científicos, o que mais temos certeza no estágio de evolução a que chegamos é da tal "certeza da incerteza", a certeza de que o mundo é movimento, a vida é movimento e os seres vivos são movimento contínuo, e, portanto, embora possamos fazer algumas previsões com base nos dados resultantes de pesquisas, a própria ciência adota o princípio de que as verdades são provisórias. Nessa perspectiva, já que ocorrem mudanças nos tipos de atividades ocupacionais e nas ofertas de emprego, partimos então para a tentativa de que o entendimento sobre a temática da qualificação do trabalho e do trabalhador pode começar considerando a necessidade de educação e formação continuada ao longo da vida, como comentamos no Capítulo 1.

Estamos cientes de que os avanços tecnológicos que provocaram e provocam mudanças imediatas no mundo do trabalho ocorrem em uma velocidade que não está sendo acompanhada pelo sistema educacional brasileiro de modo geral. Mesmo sem adentrar nessa discussão, não podemos deixar de pontuar o prejuízo que causa ao desenvolvimento do país a falta de políticas públicas e de mecanismos que deem oportunidade aos trabalhadores para se adequarem às novas exigências do mercado.

Fique de olho!

O índice global de educação avalia habilidades cognitivas (português, matemática e ciências) e desempenho escolar (índices de alfabetização e aprovação escolar) de 39 países mais a cidade de Hong Kong. O índice avalia o desempenho de cada país e mostra se ele está acima ou abaixo da média calculada a partir dos dados de todos os participantes. A primeira publicação do índice foi em 2012. Em 2014, dos 40 avaliados, 27 ficaram acima da média, enquanto 13 estão abaixo do valor mediano. O Brasil, que teve pontuação geral -1,73, ocupando a 38ª posição, -2,06 em habilidades cognitivas e 39ª posição, e -1,08 no desempenho escolar, 36ª posição, foi incluído no grupo 5, em que estão as sete nações com a maior variação negativa em relação à média global.

Fonte: PEARSON/The Economist Intelligence Unit, 2014.

Ranking geral

1. Coreia do Sul	15. Austrália	29. Espanha
2. Japão	16. Nova Zelândia	30. Bulgária
3. Cingapura	17. Israel	31. Romênia
4. Hong Kong-China	18. Bélgica	32. Chile
5. Finlândia	19. República Tcheca	33. Grécia
6. Reino Unido	20. Suíça	34. Turquia
7. Canadá	21. Noruega	35. Tailândia
8. Holanda	22. Hungria	36. Colômbia
9. Irlanda	23. França	37. Argentina
10. Polônia	24. Suécia	38. Brasil
11. Dinamarca	25. Itália	39. México
12. Alemanha	26. Áustria	40. Indonésia
13. Rússia	27. Eslováquia	
14. Estados Unidos	28. Portugal	

Habilidades cognitivas

1. Cingapura	21. Nova Zelândia
2. Coreia do Sul	22. Áustria
3. Hong Kong-China	23. Suíça
4 Japão	24. Itália
5. Finlândia	25. Suécia
6. Canadá	26. Portugal
7. Holanda	27. Noruega
8. Reino Unido	28. Espanha
9. Rússia	29. Eslováquia
10. Irlanda	30. Bulgária
11. Estados Unidos	31. Romênia
12. Alemanha	32. Turquia
13. Austrália	33. Grécia
14. Israel	34. Chile
15. Bélgica	35. Tailândia
16. Polônia	36. Colômbia
17. Dinamarca	37. Indonésia
18. França	38. México
19. Hungria	39. Brasil
20. República Tcheca	40. Argentina

Desempenho escolar

1. Coreia do Sul	21. Rússia
2. Reino Unido	22. Israel
3. Polônia	23. Bulgária
4. Finlândia	24. Hungria
5. Dinamarca	25. Espanha
6. Japão	26. França
7. Holanda	27. Itália
8. Nova Zelândia	28. Romênia
9. Noruega	29. Áustria
10. Irlanda	30. Portugal
11. Eslováquia	31. Argentina
12. Suíça	32. Chile
13. Austrália	33. Cingapura
14. Alemanha	34. Colômbia
15. Canadá	35. Grécia
16. República Tcheca	36. Brasil
17. Suécia	37. Tailândia
18. Bélgica	38. Turquia
19. Hong Kong-China	39. México
20. Estados Unidos	40. Indonésia

Quando o assunto é qualificação para o trabalho, um conceito bem aceito de qualificação está relacionado a ter ou não ter competência em uma ou mais tarefas em determinado processo de trabalho, seja de caráter intelectual ou manual. Mas essa é uma visão simplista, que resume o conceito de qualificação a um fragmento do todo necessário ao desempenho profissional no mundo sem fronteiras, com vistas a reduzir a qualificação do trabalho a uma lista de tarefas e ainda, na dimensão individual, a uma lista de atributos a serem exigidos do trabalhador. Há que se ampliar essa visão para a necessidade de propostas estruturadas a partir de uma abordagem sistêmica, o que aumentaria as chances de que os sujeitos conseguissem perceber as mudanças em torno das atividades de trabalho, para se perceberem corresponsáveis pela qualificação, em colaboração entre os trabalhadores, as organizações e os programas de governo. Diante da qualificação no âmbito dos avanços tecnológicos e dos direitos humanos, o abismo em que mergulhamos nesse novo contexto histórico de mudanças nas relações de trabalho e emprego só começou a ser percebido como situação crítica, pelos governos, empresários e instituições afins, já no final da década de 1990.

> **Lembre-se**
>
> Competência: engloba conhecimento técnico, cognição e atitudes necessárias à realização de um propósito relacionado ao trabalho.
>
> Competência = conhecimento + habilidade + atitude
>
> Saber o que e o por que fazer + Saber como fazer + Querer fazer + Conviver.

Na perspectiva das competências individuais, um determinado trabalhador poderia ser considerado qualificado para o trabalho se detivesse os novos conhecimentos, habilidades e atitudes comportamentais exigidos pelo mercado de trabalho, ao passo que desqualificado seria aquele que não detivesse os conhecimentos, habilidades e atitudes necessários ao desempenho das tarefas exigidas. Essa noção sofre alterações em função da cultura de cada sociedade, que define critérios sobre o que é estar ou não estar qualificado, em função do tempo e do espaço geográfico.

Exemplos

Na área da construção civil, a exigência de qualificação para o serviço de assentamento de tijolos já não passa apenas pela técnica: não basta saber assentar tijolos, é necessário saber assentar tijolos com qualidade (habilidade) e ter a compreensão de que o impacto do desperdício de materiais pode agravar o problema da escassez e da destruição do meio ambiente e do consequente prejuízo para os seres humanos, e, assim, querer e adotar uma atitude de produzir com qualidade, economia e respeito ao usuário da construção e ao meio ambiente.

Figura 8.1 - Competência na construção civil.

Exemplos

Na área da saúde, não é diferente, pois se trata de uma das áreas que mais contribuiu para o avanço tecnológico, já que as ciências médico-biológicas são mais antigas que as ciências sociais. Por exemplo: no novo ambiente hospitalar, a função em recepção exige conhecimento dos serviços oferecidos e das normas adotadas, habilidades para o uso de aparelhos eletrônicos de comunicação e atitude de respeito aos colegas de trabalho e aos usuários; as funções de enfermagem e medicina exigem conhecimentos sobre a especificidade de cada tratamento clínico, habilidades para o uso de equipamentos digitais e atitudes focadas na humanização da atenção em saúde.

Figura 8.2 - Centro médico avançado.

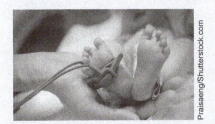

Figura 8.3 - Monitoramento digital.

Podemos, assim, concluir que o mercado de trabalho no século XXI exige que os trabalhadores tenham oportunidade de acesso às diversas áreas do conhecimento, ao aprendizado de habilidades para lidar com os vários conhecimentos e práticas colaborativas de humanização nos processos de trabalho. O conceito de qualificação nessa perspectiva pode ser encarado como uma construção social, em contraponto à mera aquisição de conhecimentos individuais em função das exigências dos postos de trabalho. Além do conhecimento, inclui uma multiplicidade de dimensões educacionais, pedagógicas e sociais. Somadas as competências individuais aos mecanismos sociais de valorização dessas competências, com mobilização e incentivos advindos das organizações e do poder público, podem-se vislumbrar atitudes comportamentais de empoderamento, corresponsabilidade e empreendedorismo criativo e inovador, ampliando assim as chances de sucesso na vida pessoal e social. Define-se assim "qualificação social e profissional como aquela que permite a inscrção e atuação cidadã no mundo do trabalho, com efetivo impacto para a vida e o trabalho das pessoas" (PNQ/MTE, 2003).

O conceito de qualificação "não pode ser compreendido como uma construção teórica acabada, mas como um conceito explicativo da articulação de diferentes elementos no contexto das relações de trabalho, capaz de dar conta das regulações técnicas que ocorrem na relação dos trabalhadores com a tecnologia e das relações sociais que produzem os diferentes atores da produção que resultam nas formas coletivas de produzir" (VILLAVICENZIO, 1992, p.1).

8.3 O pensamento sistêmico: base para a qualificação no trabalho

O pensamento sistêmico pode ser entendido como uma forma de perceber a realidade como um todo, o que significa compreender que as partes estão interligadas, de forma que os problemas de nossa época não podem ser resolvidos isoladamente, porque são sistêmicos e interdependentes (ver Figura 8.4).

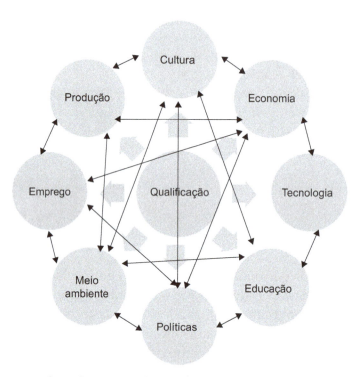

Figura 8.4 - Interdependência entre fatores envolvidos na qualificação para o trabalho.

Uma importante contribuição a ser citada, sobre o pensamento sistêmico no envolvimento das organizações como corresponsáveis pela qualificação de seus colaboradores, foi proposta por Peter Senge em *A quinta disciplina*. Senge apresentou tecnologias fundamentais para se pensar a inovação organizacional, que ele chamou de "disciplinas", e que seriam:

1) Domínio pessoal: é a disciplina de continuamente esclarecer e aprofundar nossa visão pessoal, de concentrar nossas energias, de desenvolver paciência e de ver a realidade objetivamente.

2) Modelos mentais: são pressupostos profundamente arraigados, generalizações ou mesmo imagens que influenciam nossa forma de ver o mundo e de agir. [...] Arie de Geus, vice-presidente de Planejamento da Shell nos anos 1980, diz que a adaptação e o crescimento contínuos em um ambiente de negócios em mudança dependem da "aprendizagem institucional, processo pelo qual as equipes gerenciais compartilham os modelos mentais da empresa, de seus mercados e de seus concorrentes [...]".

3) Visão compartilhada: capacidade de ter uma imagem compartilhada do futuro que buscamos criar. A IBM tinha o "serviço"; a Polaroid, a fotografia instantânea; a Ford tinha o transporte público para as massas, e a Apple, a computação para as massas. Embora radicalmente diferentes em termos de conteúdo e tipo, todas essas organizações conseguiram reunir as pessoas em torno de identidade e senso de destino comuns. A prática da visão compartilhada envolve as habilidades de descobrir "imagens do futuro" compartilhadas que estimulem o compromisso genuíno e o envolvimento, em lugar da mera aceitação.

4) Aprendizagem em equipe: a disciplina da aprendizagem em equipe começa pelo "diálogo", a capacidade dos membros de deixarem de lado as ideias preconcebidas e participarem de um verdadeiro "pensamento em conjunto". A aprendizagem em equipe é vital, pois as equipes, e não os indivíduos, é que são a unidade de aprendizagem fundamental nas organizações modernas.

5) O pensamento sistêmico: é a disciplina que integra todas as outras, fundindo-as em um corpo coerente de teoria e prática, impedindo-as de serem truques separados ou o mais recente modismo para a mudança organizacional. Sem uma orientação sistêmica, não há motivação para analisar as inter-relações entre as disciplinas.

A base do pensamento sistêmico é visualizar o mundo de uma forma ampliada, procurando entender as inter-relações, para assim também ampliar as chances de que as soluções para os problemas sejam mais assertivas.

Fique de olho!

Dica: assista ao filme *Invictus* e reflita sobre como ocorrem as mudanças em resposta às tomadas de decisão de lideranças com pensamento sistêmico.

Sinopse: Com duração de 133 minutos, *Invictus* acompanha o período em que Nelson Mandela (Morgan Freeman) sai da prisão em 1990, torna-se presidente em 1994 e os anos subsequentes. Na tentativa de diminuir a segregação racial na África do Sul, o rúgbi é utilizado para tentar amenizar o fosso entre negros e os brancos, fomentado por quase 40 anos. O jogador François Pienaar (Matt Damon) é o capitão do time e será o principal parceiro de Mandela na empreitada (Warner Bros).

8.4 Plano Nacional de Qualificação (PNQ)

O Ministério do Trabalho e Emprego (MTE) promove a universalização do direito dos trabalhadores à qualificação, por meio da política pública de qualificação, com vistas a ampliar as chances de obtenção de emprego e trabalho digno, e também da participação em processos de geração de oportunidade de trabalho e renda, inclusão social, redução da pobreza, combate à discriminação e diminuição da vulnerabilidade das populações.

O PNQ também tem por objetivo a qualificação social e profissional de jovens trabalhadores a partir dos 16 anos de idade, em um processo que articula trabalho, educação e desenvolvimento. Por meio de parcerias, o MTE desenvolve:

Quadro 8.1 - Planos e Projetos do MTE

Planos e Parceiros	Características	Objetivos
Planos territoriais de Qualificação Planteq/Estados, municípios e entidades sem fins lucrativos	Espaço de integração das políticas públicas de trabalho, emprego e renda, de educação e de desenvolvimento; consulta pública, de articulação e mobilização da sociedade, e de negociação política entre os atores envolvidos; processo de planejamento, monitoramento, avaliação e divulgação, tecnicamente fundamentado e socialmente controlado; conjunto de ações e estratégias articuladas que expressem e orientem a prática político-pedagógica da qualificação.	Atender a demandas por qualificação identificadas com base na territorialidade
Projetos Especiais de Qualificação Proesq/ Entidades do movimento social e organizações não governamentais	Contemplam a elaboração de estudos, pesquisas, materiais técnico-didáticos, metodologias e tecnologias de qualificação social e profissional destinadas a populações ou setores específicos, ou que abordem aspectos da demanda, da oferta e do aperfeiçoamento das políticas públicas de qualificação e de sua gestão participativa, implementados por entidades de comprovada especialidade, competência técnica e capacidade de execução.	Desenvolvimento de metodologias e tecnologias de qualificação social e profissional
Planos Setoriais Planseq/ sindicatos, empresas, movimentos sociais, governos municipais e estaduais	Caracterizam-se como um espaço de integração entre políticas de desenvolvimento e emprego (em particular, intermediação de mão de obra, qualificação social e profissional, economia solidária, microcrédito), em articulação direta com oportunidades concretas de ocupação nos novos empregos gerados, observando, quando pertinente, questões de inclusão social.	Atendimento de demandas emergenciais, estruturantes ou setorializadas de qualificação

Fonte: MTE.

8.4.1 Bolsa de Qualificação Profissional

A Bolsa de Qualificação Profissional é uma das modalidades do benefício Seguro-Desemprego previsto pela Medida Provisória nº 1.726, de 3 de novembro de 1998 (reeditada pela Medida Provisória nº 2.164-41, de 24 de agosto de 2001) e, posteriormente, regulamentada pelo Conselho Deliberativo do Fundo de Amparo ao Trabalhador (Codefat), por meio da Resolução nº 200, de 4 de novembro de 1998, que foi revogada pela Resolução nº 591/2009. De acordo com a legislação, a Bolsa de Qualificação Profissional é concedida ao trabalhador com contrato de trabalho suspenso, em conformidade com o disposto em convenção ou acordo coletivo, devidamente matriculado em curso ou programa de qualificação profissional oferecido pelo empregador. O Ministério do Trabalho e Emprego (MTE), por meio das Superintendências Regionais do Trabalho e Emprego (SRTE), Unidades do Sistema Nacional de Emprego (Sine) nos âmbitos estadual e municipal, possui mecanismos para esclarecer todas as dúvidas a respeito do benefício profissional, inclusive por mensagem eletrônica enviada à Coordenação-geral: cgsap@mte.gov.br (MTE, 2014).

> **Amplie seus conhecimentos**
>
> ### Pronatec
>
> Desde 2011, o Programa Nacional de Acesso ao Ensino Técnico e Emprego (Pronatec) oferece cursos gratuitos nas escolas públicas federais, estaduais e municipais, nas unidades de ensino do Senai, do Senac, do Senar e do Senat, em instituições privadas de ensino superior e de educação profissional técnica de nível médio.
>
> Os três tipos de cursos oferecidos são:
>
> » Técnico para quem já concluiu o ensino médio – duração mínima de 1 ano.
> » Técnico para quem está matriculado no ensino médio – duração mínima de 1 ano.
> » Formações inicial e continuada ou qualificação profissional, para trabalhadores, estudantes de ensino médio e beneficiários de programas federais de transferência de renda – duração mínima de 2 meses.
>
> Para mais informações, acesse: <http://pronatec.mec.gov.br/institucional-90037/cursos-gratuitos>.

Vamos recapitular?

Ainda que de forma resumida, relembramos uma história real, acontecida na segunda metade do século XX, período em que a industrialização provocava uma grande transformação social. O modelo Ford/Taylor promoveu reflexões e estudos acerca da qualificação para o trabalho, o que nos levou a passar pela abordagem das competências, entendida como o conjunto de conhecimentos, habilidades e atitudes, e a importância de um enfoque sistêmico. Em seguida chamamos atenção para a influência do processo de formação educacional de cada indivíduo, bem como do envolvimento do poder público na implantação de políticas públicas para a qualificação profissional, com vistas à formação para a cidadania e para o trabalho, e exemplificamos com alguns programas do Ministério do Trabalho e Emprego.

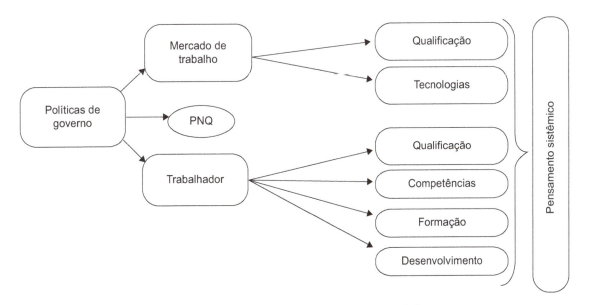

Figura 8.5 - Mapa conceitual que resume o capítulo.

Agora é com você!

1) Qual a relação entre qualificação para o trabalho e competências individuais?

2) Explique por que é necessária uma abordagem sistêmica para tratar as questões da qualificação para o trabalho. Faça um desenho esquemático envolvendo no mínimo quatro elementos que se relacionam ao processo de qualificação.

3) Você concorda que qualificação é uma construção social? Fundamente sua resposta com argumentações objetivas.

4) Você considera necessária a existência de um Plano Nacional de Qualificação? Justifique sua resposta.

O Processo de Globalização e seu Impacto sobre o Mundo do Trabalho

Para começar

Este capítulo aborda um dos aspectos mais complexos do ambiente de negócios: a globalização. É um conceito abstrato, mas que traz reflexos em todas as áreas de nossas vidas, na vida das organizações e dos governos. Esse fenômeno trouxe pressões enormes sobre esses agentes, de forma a alterar o modo como eles se relacionam. Com a globalização, as fronteiras físicas deixaram de existir, e a livre circulação de ideias, produtos, serviços e pessoas passou a ser uma constante.

A questão, entretanto, não se limita somente à obtenção de vantagens competitivas nas mais diversas formas, mas em elevar o grau de integração entre os países, inclusive, e em especial, entre os povos. O trabalhador, em particular, tem de entender que o próprio emprego ganhou uma dimensão global e tornar-se competitivo é assumir essa nova realidade.

Esse processo está sendo especialmente dolorido para aqueles que não se prepararam. No primeiro momento, pode até parecer cruel, porque o nível de desemprego pode aumentar, em razão das novas demandas para os trabalhadores, mas, em longo prazo, os ganhos de competitividade, especialização e produtividade podem trazer melhores salários e melhor qualidade de vida.

9.1 Globalização – perspectiva geral

As mudanças na natureza da economia global dos últimos 100 anos impactaram diretamente as relações entre os países, as organizações, as cadeias produtivas, as relações sociais e do mercado de trabalho no mundo.

A partir do início do século XX, o mundo vem passando por um processo de integração das economias, que envolve não somente matérias-primas, produtos acabados e fluxo de dinheiro, mas também pessoas.

Essas mudanças foram marcadas principalmente pela Revolução Industrial no século XIX, na Inglaterra, que alterou radicalmente as relações produtivas e do trabalho: da produção artesanal para a linha de produção e produção em massa, o surgimento da classe operária, o aparecimento das grandes cidades e dos problemas do meio ambiente.

Esse fenômeno, chamado de globalização, criou novos métodos de trabalho, novas tecnologias, criou a indústria siderúrgica, base do processo de industrialização, e um novo sistema de transporte, em que trens carregados de produtos acabados e agrícolas eram puxados por locomotivas a vapor.

Fique de olho!

Por globalização se entende a somatória dos fenômenos econômicos, sociais, políticos, culturais e organizacionais que se aceleraram a partir do início do século XX, tornando o mundo, as pessoas e as organizações muito mais interligadas e interdependentes. Esse fenômeno traz no seu bojo a consolidação do sistema capitalista por meio da aceleração das inovações via grandes avanços na geração de conhecimentos que se traduz em novas tecnologias que afetam a vida dos países, empresas e pessoas.

A Revolução Industrial alterou os relacionamentos econômicos, comerciais e de trabalho, criando novas formas de organizações, uma maior interdependência entre as nações, abertura comercial dos países, especialização do trabalho com ênfase na educação e elevação do grau de instrução do trabalhador. Esse trabalhador que recebe salário faz frente à necessidade de atender à demanda desse novo mercado consumidor.

Não é fácil identificar e nem navegar pelas transformações recentes, em especial quando elas são, de início, imprevisíveis e evoluem muito rapidamente. No lugar da antiga lógica do isolacionismo e da autossuficiência, esse processo de globalização trouxe a lógica da integração, do intercâmbio e da interdependência entre os países e organizações, impactando diretamente as questões do mercado de trabalho.

Esse novo cenário econômico baseado na expansão do mercado global, na liberalização do comercio, na intensificação dos fluxos de mercadorias, capital, informações, novas tecnologias e pessoas tem provocado mudanças na maneira como países, organizações e pessoas competem uns com os outros.

Um dos vetores que mais mudanças trouxe para o ambiente de trabalho em particular foram as novas tecnologias, principalmente aquelas ligadas à tecnologia da informação. A automação de processos de manufaturas e novos sistemas de gestão impactaram diretamente as relações de trabalho no século XX.

As novas tecnologias trouxeram também um aumento significativo de produtividade. Grande parte desse aumento de produtividade nas organizações deve-se ao processo de automação dos processos, bem como à melhor qualificação do seu capital humano. Nesse aspecto, vê-se o impacto direto do processo moderno de globalização sobre o mercado de trabalho e em especial sobre a qualificação do trabalhador.

Se, por um lado, a globalização trouxe a aceleração do processo de melhoria de produtividade, isso também gerou uma enorme distorção de diferentes graus de produtividade dos países e organizações, principalmente refletida pela desigualdade de produtividade dos trabalhadores.

Enquanto uns países vão se industrializando e outros não, acentuam-se as divergências de graus de produtividade, seja nas organizações ou trabalhadores.

Por isso, alguns países que conseguiram superar suas dificuldades e passaram a se inserir nas cadeias produtivas internacionais obtiveram ganhos excepcionais de produtividade, refletidos em maiores taxas de crescimento e desenvolvimento econômico, bem como em aumento de renda dos trabalhadores. Países, organizações e pessoas mais produtivos trazem um benefício coletivo importante de qualidade de vida (embora não signifique que sejam mais ou menos felizes!).

Com a globalização, as empresas sentiram o impacto cada vez maior do aumento de competitividade, impacto esse que também foi sentido, e mais fortemente, no capital humano das empresas, os trabalhadores. Eles precisam cada vez mais acompanhar essas mudanças por meio de um processo de aperfeiçoamento contínuo que os força a estarem atentos à evolução tecnológica e à geração de novos conhecimentos, competências e habilidades.

Paradoxalmente, o próprio emprego passou a ser algo efêmero. A globalização acabou com a perspectiva da "eternização", e os empregos agora não eram mais "para sempre". As condições de trabalho mudaram, as características que a empresa buscava nos trabalhadores a cada dia se alteravam, e esse "novo" profissional deveria estar bem mais atento às novas mudanças no ambiente de trabalho.

Os trabalhadores agora competiam não mais com um colega que mora no mesmo bairro ou cidade, que estudou na mesma escola ou universidade local, mas com pessoas do mundo todo que estavam circulando mais livremente ao redor do mundo, na busca por melhores oportunidades. Isso fez com que outras novas competências fossem exigidas desse profissional, além daquelas adquiridas pelo processo de educação formal. Atividades adquiridas extracurricularmente, como o domínio de outro idioma, pós-graduação e experiência internacional, dariam a esse profissional uma certa vantagem competitiva e um diferencial na hora de conseguir um emprego.

Esse processo de substituição da força braçal da Revolução Industrial pelas novas tecnologias da informação e automação industrial força os trabalhadores a desenvolver estratégias de carreiras que vão além da educação formal e das experiências profissionais. Com mais ênfase nos últimos 30 anos, essas mudanças passaram a exigir do trabalhador uma necessidade urgente de atualização e aprendizado contínuo. Esse esforço de qualificação do capital humano das empresas traz um impacto direto, como vimos anteriormente, na melhoria dos níveis de produtividade das empresas.

9.2 Globalização no Brasil

O Brasil entra nesse tabuleiro mundial cada vez mais globalizado somente a partir dos anos 1990. Com as medidas econômicas de controle da inflação e abertura comercial, o país começa a quebrar as barreiras isolacionistas que o separavam dos países desenvolvidos e, principalmente, das grandes cadeias internacionais de produção. Essas medidas tiveram impactos significativos nos principais setores da economia, como as indústrias automobilística e têxtil. A indústria têxtil sempre foi intensiva de mão de obra e, com a abertura comercial, se viu exposta e pouco competitiva. Produtos têxteis de vários países começaram a entrar no Brasil com preços mais competitivos e melhor qualidade.

> **Amplie seus conhecimentos**
>
> Custo Brasil
>
> Segundo o Departamento de Competitividade e Tecnologia (Decomtec) da Federação das Indústrias do Estado de São Paulo (Fiesp), no relatório "'Custo Brasil' e Taxa de Câmbio na Competitividade da Indústria de Transformação Brasileira", publicado em março de 2013, disponível no *site* www.fiesp.com.br/arquivo-download/?id=56679, o "Custo Brasil" decorre de deficiências em fatores sistêmicos que somente podem ser dirimidas pela ação de políticas de Estado. Esses fatores levam em consideração: elevada tributação, custo de capital de giro (dinheiro), custo da energia, deficiência de infraestrutura e custos extras com funcionários e burocracia, entre outros. Segundo o mesmo relatório, isso torna o Brasil cerca de 34% menos competitivo em relação a nossos principais parceiros comerciais, cerca de 38% em relação aos países emergentes e cerca de 35% menos em relação à China, em especial.

Isso fez com que as empresas tivessem de se automatizar, e, consequentemente, levou os trabalhadores a se capacitarem mais. Esse novo trabalhador dos anos 1990 do setor têxtil no Brasil, precisava agora, além da educação formal mínima do segundo grau, de conhecimentos de informática e línguas, como o inglês, por exemplo.

A verdade é que o Brasil teve de se preparar rapidamente para um novo cenário em que o mercado, as empresas e os trabalhadores teriam outro perfil, em um ambiente bem mais competitivo, com as mudanças acontecendo bem mais rapidamente.

É comumente aventado que o problema de baixo crescimento econômico e pouca competitividade deriva, entre outras coisas, da baixa qualificação do capital humano do país. Isso é verdade em parte, pois faltam também investimentos em tecnologia, melhoria do capital de infraestrutura (energia, estradas, portos etc.) e uma reforma tributária que possa reduzir o Custo Brasil. É preciso, assim, destravar a produtividade da economia brasileira.

Figura 9.1 - O novo cenário do trabalho exige conhecimento e qualidade com segurança.

Enfatizamos que especificamente o impacto da globalização no Brasil gerou necessidades urgentes de atualização, inclusive de mão de obra, o que não acontece de uma hora para outra. Sem dúvida, melhores condições de infraestrutura e tecnologia refletem em diferenças na produtividade. Um trabalhador atualmente é bem mais produtivo do que há 10 anos, mas esse trabalhador precisa se preparar para enfrentar esse novo cenário mais exigente e competitivo.

Também fica claro que esse processo de exposição à competitividade internacional é dolorido e traz alguns traumas, mas a forte pressão da globalização sobre o mercado faz com que as empresas e os trabalhadores cresçam e alterem o *status quo*, evoluindo para outro patamar de produtividade.

A globalização trouxe à tona uma espécie de lei de Darwin, em que não somente os maiores conseguem sobreviver, mas também aqueles que conseguem se adaptar e reagir às novas regras e mudanças nos cenários nacional e internacional.

Figura 9.2 - Novas adaptações e qualificação em todas as áreas.

No mercado de trabalho, especificamente, o ambiente de trabalho também ganhou ares globais. Hoje em dia, é muito comum nas empresas times e equipes diversificados, com pessoas de vários países e etnias. A competência de lidar e trabalhar com pessoas de várias culturas nunca foi tão exigida, e a tendência é aumentar, visto que as distâncias são cada vez mais curtas e as barreiras, cada vez menores. Assim, pessoas de outros países podem trabalhar e conviver em um ambiente crescentemente diversificado e multicultural.

A globalização traz a necessidade de se desenvolver a capacidade de lidar e trabalhar com pessoas de outras origens e culturas diferentes. Embora a globalização seja mais abordada dos pontos de vista econômico e comercial, seus agentes operacionais são pessoas, o que implica maiores processos de interação entre pessoas culturalmente diferentes.

Em resumo, os diversos vetores e dimensões da globalização estão mudando drasticamente a maneira como as pessoas se relacionam, convivem e trabalham. A capacidade do trabalhador de lidar com esses aspectos ligados à globalização, como a necessidade de um constante aperfeiçoamento, melhoria de produtividade e capacidade de lidar com pessoas culturalmente diferentes, é hoje em dia um requisito muito importante no ambiente de negócios.

Vamos recapitular?

O que chama a atenção no fenômeno da globalização não é sua contemporaneidade, mas sim a aceleração das mudanças ocorridas e a maior mobilidade de fatores produtivos ao redor do mundo e entre os países, incluindo aí o capital humano. Assim como o capital financeiro circula com mais liberdade entre os diversos países, o capital humano vem aos poucos ganhando essa mesma característica: as pessoas circulam entre os países com mais facilidade que antes. Essa movimentação do capital humano acaba tendo um grande impacto no mercado de trabalho, forçando os trabalhadores a se capacitarem e se adaptarem a um cenário cada vez mais competitivo e no qual o aumento de produtividade é essencial para a sobrevivência do sistema capitalista. Esse novo padrão de modelo de trabalhador evidencia características como flexibilidade, maior capacitação por meio da educação formal e maior capacidade de tolerância cultural, pois cada vez mais nos deparamos com colegas de outras culturas e com os quais precisamos trabalhar juntos, formando equipes multiculturais.

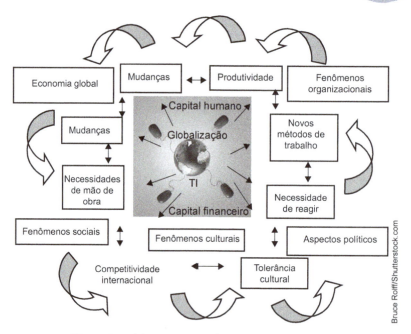

Figura 9.3 - Mapa conceitual que resume o capítulo.

Agora é com você!

1) Você sente na sua empresa algum efeito do fenômeno da globalização, seja no aspecto comercial/econômico ou no ambiente de trabalho?

2) Com a globalização, o modelo fordista de produção, aquele com foco em atender à demanda, na produção em massa e na redução de custo, exigia do trabalhador uma posição mais focada na especialização, enquanto na globalização o mercado de trabalho traz outras exigências, principalmente uma melhor educação formal, níveis de informações gerais bem mais apurados e multifuncionalidade. Entre as características sugeridas para o trabalhador da era da globalização: ser flexível, ser culturalmente tolerante, ter boa educação formal e saber lidar com pessoas, para qual você se sente menos preparado? Tem algum plano em curto prazo para suprir essa deficiência?

3) Em sua opinião, qual o principal efeito da globalização no Brasil, em particular, no mercado de trabalho?

4) Segundo a revista britânica *The Economist*, em abril de 2014, a produtividade do trabalhador brasileiro está estagnada faz uns 50 anos, o que faz segurar o crescimento econômico do país. A conclusão é que, se compararmos com a China e a Índia, duas economias emergentes como o Brasil, a produtividade da mão de obra brasileira precisa melhorar muito para sermos competitivos. Você acha que com a globalização e o consequente aumento da competitividade internacional o Brasil pode perder espaço no mercado internacional? Qual poderia ser uma sugestão para o aumento da produtividade do trabalhador brasileiro?

10

O Impacto das Novas Tecnologias Produtivas e Organizacionais no Mundo do Trabalho

Para começar

Este capítulo tem como foco explicar como as novas tecnologias influenciaram o comportamento das pessoas e os processos de trabalho dentro das empresas. A relação entre Tecnologia da Informação (TI), produtividade e desempenho organizacional tem sido objeto de discussão e pesquisa no Brasil e no exterior. Cada vez mais, as empresas, diante da dinâmica competitiva em que se encontram inseridas, investem cifras elevadas em TI, na intenção de que isso lhes traga benefícios reais.

10.1 Novas tecnologias no mundo do trabalho e das pessoas

De maneira geral, o mundo do trabalho e seus processos são baseados nos métodos disponíveis conforme as tecnologias vigentes no mercado, que são absorvidas pelas empresas que buscam não só aprimorar os seus processos internos, mas tornar-se diferenciadas e competitivas.

A automatização de processos não é uma novidade no mercado de trabalho. Obviamente, devemos considerar e compreender a época, os costumes, os comportamentos, o desenvolvimento econômico e cultural etc. Portanto, a tecnologia que conhecemos nos nossos dias atuais remonta a um passado primitivo, à descoberta do fogo, à invenção da roda, à escrita, por exemplo. Se passearmos pela História, encontraremos na Idade Média a invenção da prensa de tipos móveis, a criação de armas militares e a expansão marítima. E não podemos nos esquecer da Revolução Industrial, que surgiu na Inglaterra e transformou os processos produtivos, até então predominantemente artesanais.

Para Charney e Schwartz (2004), as transformações na tecnologia e na indústria, a que chamamos de modernidade, representam um período histórico marcado por uma nova configuração de experiências e formado por um grande número de fatores, que dependeram claramente da mudança na produção ocorrida durante a Revolução Industrial. Os autores ainda observam que a Revolução Industrial provocou uma transformação na vida diária criada pelo crescimento do capitalismo e pelos avanços técnicos: o crescimento do tráfego urbano, a distribuição de mercadorias produzidas em massa e sucessivas tecnologias de meios de transporte e comunicação. O século XIX testemunhou a conjunção principal dessas transformações na Europa e nos Estados Unidos, porém, com uma crise aproximando-se na virada do século, a modernidade ainda não havia esgotado suas transformações e impôs um ritmo distinto em diferentes áreas do globo.

O novo passa a dominar o cenário, como a estrada de ferro, que possibilitou a expansão do transporte de matérias-primas e mercadorias, com a migração das pessoas do espaço rural para o espaço urbano, promovendo um desmoronamento das distâncias e uma nova experiência do corpo e da percepção humana, moldada pelas novas velocidades. Os novos modelos e maneiras de produção apontavam para um novo sistema de fábrica, o que demandava que os trabalhadores desempenhassem tarefas simples e repetitivas.

Se a fotografia tornou possível preservar traços permanentes de um ser humano e "eternizou" momentos das pessoas, no século XX devemos destacar a evolução e os avanços nas tecnologias de informação e comunicação, o uso dos computadores na vida pessoal e nas empresas, a disseminação da internet, a utilização da energia nuclear, da nanotecnologia, da biotecnologia etc.

Quadro 10.1 - Evolução histórica da Tecnologia da Informação

Sequência histórica da revolução de TI
1970 – Fibra ótica é produzida em larga escala industrial pela Corning Glass.
1971 – Microprocessador, que é o computador em um único chip, criado por Ted Hoff.
1972 – Charles Jencks data o final simbólico do modernismo e a passagem para o pós-moderno ou contemporâneo na arquitetura (em 15/07/1972, às 15h32, foi dinamitado um projeto de desenvolvimento de habitação – um ambiente inabitável para as pessoas de baixa renda que abrigava.
1975 – O microcomputador Altair era uma caixa de computação. Ed Roberts, engenheiro, foi responsável pela base para o Apple I.
1976 – Apple I (Steve Wozniak e Steve Jobs).
1977 – Apple II e a Microsoft começam a introduzir os programas operacionais.
1981 – PC: a IBM introduziu o PC com o nome de computador pessoal.
1984 – Macintosh da Apple.

Fonte: OLIVEIRA, 2008.

Além da Revolução da TI na década de 1970, devemos citar uma difusão paralela da engenharia genética.

No mundo contemporâneo, estar fora da tecnologia é não estar situado no mundo. As relações no trabalho adquirem novas formas e formatos, novos caminhos e soluções. A tecnologia deixou de ser um simples diferencial no trabalho, tornou-se obrigatória. Saudosismos à parte, já houve um tempo, não tão distante, há pouco menos de duas décadas, em que não tínhamos celulares, *tablets*, e-mails, *smartphones*, banda larga e tantas outras possibilidades e conectividades presentes no nosso dia a dia que nos permitissem explorar habilidades como conversar, escrever, ler... Hábitos que no momento atual estão rareando e se atrofiando.

Essa "dona" tecnologia está inserida definitivamente em nossas vidas pessoais e profissionais. Observamos crianças em tenra idade manuseando equipamentos tecnológicos de última geração, antes mesmo de se iniciarem no ensino fundamental e na alfabetização, pois assimilam e desenvolvem a função *touch*, ou tocar, e agudizam o comportamento de obter tudo em uma velocidade instantânea, conectam-se com rapidez e agilidade, e a partir daí recebem uma descarga vertiginosa de impulsos visuais, auditivos e de diferentes informações. O armazenamento e processamento de informações no cérebro, assim como, as habilidades motoras dos seres humanos, não ocorre na mesma velocidade e quantidade de imagens e informações que são disponibilizadas pela tecnologia, mas as novas gerações demonstram intimidade e "facilidade" no manuseio desses recursos, de forma significativa. Observe Figura 10.1.

Figura 10.1 - Novas gerações: rapidez na conectividade.

Devemos lembrar que esses serão os profissionais de amanhã. São eles que irão compor as equipes de trabalho, tomar decisões, fazer parte das engrenagens das empresas na tomada de decisões, na realização e na efetivação dos seus planejamentos estratégicos. Se as empresas têm tido de administrar inúmeros conflitos entre as gerações dentro dos seus ambientes organizacionais (*baby boomers*, X, Y, Z e Alpha), conforme quadro apresentado no Capítulo 3, a regra do bom senso e das empresas "inteligentes" é equalizar e tentar disseminar a compreensão de que todas as gerações devem ser acolhidas e têm uma rica oportunidade de aprendizado umas com as outras, em que todos - empresas e indivíduos - saem ganhando. Tanto a sociedade quanto as organizações vivenciam gigantescas transformações, com as empresas se vendo obrigadas a efetivar adaptações permanentes para não deterem o seu crescimento, para não descontinuarem as boas práticas já conquistadas, como bom atendimento aos clientes, melhoria da qualidade de produtos e serviços, redução de custos, ações que promovam bom ambiente de atuação profissional, qualidade de vida etc.

Como indivíduos, é de fundamental importância compreender o contexto atual em que nos encontramos inseridos e o futuro do segmento ou respectivo mercado no qual atuamos.

Portanto, a tecnologia da informação e as transformações ocorridas nas organizações estão intimamente ligadas. A tecnologia da informação está presente e foi inserida em todas as atividades empresariais com o objetivo principal de dar apoio na melhoria contínua da qualidade de produtos e serviços oferecidos pelas empresas nos mercados.

Os colaboradores das organizações dispõem de recursos tecnológicos cada vez mais precisos para a comunicação com clientes, fornecedores, filiais e obterem informações precisas em tempo real e acessos *on-line* para uma tomada de decisão rápida, segura e precisa.

As empresas, por outro lado, investem pesado na aquisição desses recursos, pois eles proporcionam dados e informações detalhados sobre clientes, fornecedores, funcionários etc. A intenção é promover segurança para os gestores se movimentarem com segurança num ambiente de incertezas.

Independentemente do porte das empresas, pequenas, médias, grandes ou globais, elas utilizam as tecnologias de sistemas de informações para atingir seus objetivos organizacionais traçados, e o colaborador tem que saber como usá-las para ajudar sua empresa a solucionar problemas, superar desafios, ter vantagem competitiva e sobreviver nesse mercado globalizado.

Dentro desse contexto, é natural efetuarmos alguns questionamentos:

» Como processar toda essa enorme quantidade de informação?

» Informação é sinônimo de conhecimento?

» Ler e tentar assimilar tudo o que nos chega faz com que tenhamos tempo suficiente para nos dedicar àquilo que nos faz crescer e ser feliz?

» Será que a sensação de cansaço e falta de tempo não é resultado desse bombardeio de informação, fazendo com que nos sintamos confusos?

Se as organizações necessitam da tecnologia para o andamento dos seus processos e fluxos, dominarmos todo esses recursos e aparatos tecnológicos faz parte, mas é importante levantar aqui a questão de que também somos e nos tornamos operários do conhecimento, estamos à disposição do mundo, podemos vender nossa mão de obra para qualquer lugar onde ela seja requisitada.

Se a tecnologia ainda não consegue libertar o indivíduo de longas e exaustivas jornadas de trabalho, some-se a isso que o conhecimento especializado se tornou um produto como outro qualquer no mercado de trabalho, e é a reciclagem contínua desse conhecimento que torna o indivíduo empregável. Ter empregabilidade na sociedade do conhecimento é essencial.

As novas tecnologias foram alcançadas e têm um papel importante e fundamental quando pensamos em inovação. A precisão tecnológica é cada dia maior, tem permitido que o homem faça o seu trabalho com agilidade, minimize erros e molde milimetricamente a forma de se realizar as tarefas nas mais diferentes áreas.

> **Lembre-se**
>
> Sistema de Informação é um conjunto de componentes inter-relacionados que coletam (ou recuperam), processam, armazenam e distribuem informações destinadas a apoiar a tomada de decisões, a coordenação e o controle de uma organização.
>
> Tecnologia da Informação (TI) é todo *software* e *hardware* de que uma empresa necessita para atingir seus objetivos organizacionais. Isso inclui computadores, assistentes digitais pessoais, *softwares* como sistemas operacionais Windows, Linux, o pacote Microsoft Office e centenas de programas computacionais.
>
> Fonte: LAUDON, 2007.

> **Amplie seus conhecimentos**
>
> Sistemas de informação são muito mais do que computadores. Para usar os sistemas de informação com eficiência, é preciso entender as dimensões organizacional, humana e tecnológica que os formam. Um sistema de informação oferece soluções para importantes problemas ou desafios organizacionais que a empresa enfrenta (OLIVEIRA, 2008).

10.2 O trabalho no século XXI

Temos presenciado, mundo afora, que as novas tecnologias vêm extinguindo as posições no mercado de trabalho, mesmo quando geram novas oportunidades para aqueles que se especializam.

São incontestáveis os saltos qualitativos e quantitativos que vêm ocorrendo no século XXI. A tecnologia se faz presente em áreas variadas do conhecimento e das ciências. Imagine, por exemplo, os avanços da tecnologia na área da medicina que vêm minimizando riscos e erros nas cirurgias, eliminando práticas e métodos invasivos com o uso de robôs. Podemos citar ainda que a tecnologia, por meio de inúmeros aplicativos, tem auxiliado no diagnóstico de graves doenças em estágio ainda inicial, permitindo que as pessoas realizem tratamentos e cura, ou a detecção precoce da predisposição a possíveis doenças e a sua consequente prevenção.

Outro exemplo é o aumento dos cursos de treinamento e ensino a distância e e-learning, permitindo às empresas realizar parcerias, elaborando ou criando cursos específicos para determinados setores. O sucesso dessa modalidade está diretamente ligado aos objetivos estratégicos da organização.

Se os computadores pessoais de um escritório são interligados a fim de que os usuários possam se comunicar uns com os outros e ainda os usuários podem operar computadores independentemente, compartilhar recursos e intercambiar dados, o que dizer das facilidades que passaram a fazer parte do nosso dia a dia?

Vejamos alguns exemplos:

» Google: tornou-se o principal buscador da internet. Virou referência e verbete de dicionário como sinônimo de busca.

» YouTube: um site de vídeos que transformou a experiência das pessoas na rede, pois qualquer anônimo pode ganhar fama em questão de cliques e qualquer imagem pode correr o mundo.

» MSN/Hotmail: foi a primeira empresa de e-mail grátis do mundo. Tornou possível a qualquer pessoa ter uma conta, mesmo sem um computador próprio.

» Wikipedia: trata-se de uma enciclopédia livre em que qualquer internauta pode criar ou editar um verbete. Está em vários idiomas e possui milhões de artigos disponíveis para consulta.

» Amazon: é um modelo de negócios que facilitou as compras on-line.

» Paypal: é um site que permite realizar transferências de dinheiro pela internet, uma alternativa aos métodos tradicionais de pagamento, como cheques e ordens de pagamento.

Se por um lado as empresas têm que visualizar possíveis cenários de mudanças, adaptando-se cotidianamente às complexidades que se apresentam nesse ambiente de "admirável" mundo novo, por outro lado devemos lembrar que toda essa "parafernália" e as possibilidades tecnológicas inseridas nas tarefas da organização ainda precisam da mente humana para traduzir e manusear máquinas, robôs e aplicativos.

As estruturas organizacionais hoje já não podem ser fixas e rígidas, pois ficam vulneráveis às inconstâncias do mercado global. Por isso, as empresas estimulam o trabalho em times, a colaboração, o compartilhamento e cada vez mais a autonomia nas ações, desde que estas levem o time a concretizar metas que auxiliem a realizar os objetivos da organização.

Comportamentalmente, observamos que uma boa dose de insatisfação domina a vida do homem contemporâneo, mesmo com o excesso de tecnologia existente, que se presume ter possibilitado ganharmos mais tempo, facilitarmos nossas tarefas, agilizarmos os processos de comunicação, otimizarmos os processos de trabalho, ganharmos rapidez e velocidade em tudo o que nos propomos a fazer. No entanto, o que temos presenciado é que não é só a tecnologia que está sendo incorporada à vida das pessoas, mas o estresse e a depressão, infelizmente, também.

No mercado de trabalho do século XXI, o que passa a vigorar é o conceito de carreira sem fronteiras, ou seja, a sequência de experiências pessoais de trabalho que você vai desenvolver ao longo da sua carreira profissional.

O perfil do profissional do século XXI é de muita flexibilidade e jogo de cintura, além de adequar-se a novas formas de remuneração, saber trabalhar por projetos, estar antenado com as novas tecnologias, ter um olhar globalizado para o mercado, preocupar-se com as questões ambientais, ter perfil empreendedor, adequar-se a novos espaços de trabalho, por exemplo, o *home office*, prática de trabalhar em casa que vem se tornando a realidade de milhões de pessoas no mundo todo, sobretudo nas grandes cidades. Podemos citar, ainda, algumas habilidades supervalorizadas pelos empregadores:

» A superformação: não basta apenas o diploma do ensino superior, pós-graduação, cursos técnicos, especializações etc., para acompanhar as constantes mudanças.

» Ser multicultural: não basta falar outros idiomas. Ter viajado, vivenciado e interagido com outras culturas é essencial.

» Pensar digitalmente: além de ser inovador, se você não souber utilizar ferramentas básicas de Internet e informática, vai ficar excluído.

» Competências emocionais: saber lidar com o outro fará toda a diferença; ter boa comunicação facilita e favorece o trabalho em equipe.

Entretanto, cada vez mais as pessoas tendem a viver sozinhas, as famílias serão cada vez menores, as relações afetivas vão demandar maior atenção.

Mas é a melhoria da qualidade de vida que tem sido requisito básico para os indivíduos. Muitos profissionais buscam atuar em empresas próximas de suas casas, como uma opção de bem-estar, invertendo o requisito "ganhar mais" como sendo o conceito mais importante. O termo workaholic vem saindo de moda e sendo gradativamente descontruído: as pessoas estão percebendo que para produzir mais e melhor elas têm de estar física, mental e emocionalmente bem.

Outro desafio importante para as empresas é ampliar a autonomia de seus colaboradores, que devem criar, produzir e evoluir sem se sentir estafados.

Devemos encarar o conhecimento do mesmo modo com que encaramos estradas e aeroportos: precisamos deles para dar vazão à circulação de pessoas e produtos, o que significa que estradas e aeroportos não são produtos em si mesmos, mas são meios. O conhecimento, por ser parte da infraestrutura, é necessário ao crescimento – cultural e econômico –, já que é somente a partir dele que novas criações são possíveis – seja visando à criação de novos mercados e produtos, seja visando à emancipação do homem, emancipação esta que não deixa de ser um novo mercado, uma nova invenção.

Fique de olho!

Conheça oito profissões promissoras na área de tecnologia

A economia não avançou tanto quanto o governo brasileiro esperava, e 2014 se mostrou carregado de incertezas. No mercado de trabalho, entretanto, algumas áreas despontam com oportunidades de crescimento, parte delas diretamente atrelada à tecnologia. Reproduzimos a seguir oito das 40 profissões mais promissoras, na opinião de recrutadores de 14 consultorias ouvidas pela Exame.com, em 2014.

» Analista e gerente de TI: responsáveis pela implantação, acompanhamento e gestão de ferramentas e sistemas eletrônicos em todas as áreas de uma empresa. Formação na área de TI, engenharia ou áreas correlatas.

» Gerente e coordenador comercial de tecnologia: cuidam do mercado de aplicativos móveis, que está em franca expansão, identificando parceiros e patrocinadores e zelando pela qualidade da marca. Formação com perfil comercial, além de conhecimento técnico.

Fique de olho!

» Cientista de dados: o profissional do futuro, segundo a IBM. Interpreta o emaranhado de informações que chegam pelos sistemas de computadores e os coloca em contextos em linha com a estratégia da empresa. Formação em estatística com domínio das ferramentas de análise de dados.

» Analista de infraestrutura de computação em nuvem: define os melhores *hardwares* e *softwares* para a execução do trabalho de forma funcional. Formação em cursos ligados à área de tecnologia, sem especificações.

» Analista/consultor funcional SAP (diversos módulos): analisa sistemas e processos de negócios, customização e parametrização na gestão corporativa. Há escassez de profissionais especializados, segundo a pesquisa. Formação em áreas de tecnologia e intimidade com projetos do sistema SAP – Systems Applications, and products in Date processing (Sistemas aplicativos e produtos em processamento de dados).

» Arquiteto de TI: desenha e escolhe os padrões de arquitetura de sistemas, integração, organização e estruturação de processos e subsistemas. Além da formação em cursos na área de tecnologia, é desejável ter experiência em arquitetura corporativa.

» Profissional de TI especializado em *e-commerce*: o comércio eletrônico brasileiro deve crescer até 30% em relação a 2012 e registrar faturamento de R$ 30 bilhões. Para suportar a demanda, o setor precisa de profissionais capazes de desenvolver plataformas que suportem o grande volume de compras *on-line*. A formação abrange os cursos de TI e áreas relacionadas.

» Especialista de marketing com ênfase em redes sociais: administra a marca na Internet e cuida de sua imagem por meio de campanhas de marketing e de outras formas de interação com os consumidores. A formação compreende cursos de comunicação (jornalismo e propaganda), administração e marketing.

Fonte: http://olhardigital.uol.com.br/pro/noticia/39514/39514

10.3 A inclusão na contemporaneidade

A integração social das pessoas com deficiência surgiu em meados do século XX, após a Primeira e Segunda Guerras Mundiais. A ideia de que as pessoas com esse tipo de necessidade podiam trabalhar tomou "corpo". No ano de 1955, ocorreu uma recomendação da Organização Internacional do Trabalho (OIT) sobre a adaptação e a readaptação de pessoas com deficiência. No ano de 1981, que foi o ano internacional das pessoas portadoras de deficiência, essa discussão tomou vulto tanto nacionalmente quanto internacionalmente e levantou a questão de que essa parcela da população precisa ter participação e igualdade na vida social.

A Organização Internacional do Trabalho (OIT), por meio da Convenção 159, de 1983, define pessoa com deficiência como aquela cuja possibilidade de conseguir, permanecer e progredir no emprego é substancialmente limitada, em decorrência de uma reconhecida desvantagem física ou mental.

De acordo com Pastore (2000), a política de cotas teve sua origem na Europa após a Primeira Guerra Mundial. O trabalho constitui-se em um dos meios para viabilizar o processo de inclusão. No Brasil, a atenção à pessoa com deficiência caracterizou-se inicialmente por volta da década de 1970, visando à preocupação em reabilitar profissionais com doenças ocupacionais provenientes de acidentes de trabalho.

A Lei nº 8.213/91, conhecida como Lei de Cotas, foi criada para ampliar o acesso de pessoas com deficiência ao mundo do trabalho. No contexto de inclusão social, tanto empresas públicas quanto privadas estão sendo desafiadas para a implantação de programas que assegurem o acolhimento à diversidade humana nos locais de trabalho.

Figura 10.2 - Inclusão no mundo do trabalho.

Entretanto, o cenário ideal encontra-se distante. Não se trata apenas da oferta de vagas: essas pessoas precisam ter recursos de acessibilidade para a sua atuação profissional, precisam querer trabalhar e precisam demonstrar a sua capacidade de atuar.

Nessa sociedade global e digital, as transformações sociais ocorridas nos dão acesso a políticas de inclusão e a um novo olhar para a valorização da diversidade e o respeito às diferenças. Exercer a cidadania significa respeitar as diferenças ou minorias culturais, raciais, de gênero, das pessoas com deficiências, direcionando-as para a educação e o trabalho.

Existem alguns projetos importantes que garantem não só o bem-estar de pessoas com deficiência como também auxiliam empresas a adotar tecnologias para adaptação às tarefas no seu dia a dia.

A linguagem Braille é um sistema de leitura e escrita tátil, é utilizado universalmente, foi inventado na França por Louis Braille, um jovem cego. Existe um software que permite a transformação de textos escritos para a linguagem oral, diretamente narrados por um sintetizador de voz. Ainda oferece a adaptação em caracteres ampliados, opção de impressão em braile e descrição das figuras, gráficos e imagens presentes no texto.

Na Universidade Estadual Paulista (Unesp) foi construído um protótipo de um aparelho capaz de traduzir documentos e páginas da Internet diretamente para o sistema de escrita braile, descartando a necessidade de impressoras especiais. A superfície do chamado dispositivo anagliptográfico exibe os sinais em alto-relevo e funciona como uma espécie de teclado de leitura conectado a computadores e *notebooks*.

Empresas que produzem aparelhos de celular elaboraram teclado em alto- relevo, com algarismos em braile. Um exemplo foi a gigante Samsung, que recebeu no ano de 2006 o prêmio Industrial Design Excellence Awards (Idea), pelo desenvolvimento de um aparelho de celular que possui uma tela em que o usuário pode escrever e receber mensagens de texto em braile, usando os 12 botões no teclado, além de outras facilidades desenvolvidas e atualizadas.

O *mouse* ocular desenvolvido pela Universidade Federal de Manaus (UFAM) e a Fundação Desembargador Paulo Feitosa permite que pessoas com deficiência física (tetraplégicos, distrofia muscular, doenças degenerativas) possam usar plenamente o computador. São fixados na região próxima aos olhos eletrodos responsáveis por converter os movimentos em comandos do computador. O *mouse* é controlado pela movimentação dos olhos, e uma piscada é traduzida em um clique. Para digitar textos, o usuário pode utilizar um teclado virtual.

O físico e professor Stephen Hawking, portador de uma doença degenerativa, é o maior exemplo de que a tecnologia pode ser uma aliada importante de pessoas com deficiências físicas e motoras.

O físico não consegue movimentar sua musculatura voluntariamente: ele utiliza um sintetizador de voz para poder se comunicar com as pessoas, entre as quais seus alunos.

A cadeira de rodas de Hawking é adaptada com equipamentos para atender suas necessidades. Depois de perder o movimento dos dedos, o cientista encontrou outra maneira de se comunicar. Um dispositivo acoplado na armação dos óculos e conectado ao computador permite que Hawking "digite" frases usando os movimentos dos músculos da face, direcionando o raio para as palavras que deseja escrever.

A fonte de energia para o funcionamento do computador também foi adicionada à cadeira de rodas. Além da fonte interna, foram acopladas, na parte de baixo da cadeira, baterias parecidas com as de carros.

Figura 10.3 - O professor Stephen Hawking durante premiação em Londres, em 2013.

A tecnologia desempenha também um importante papel como auxiliar para engajar as pessoas com deficiência a desenvolver facilidades e maior independência, como é o caso dos deficientes visuais citados. É essencial que as pesquisas e empresas voltadas à pesquisa e ao desenvolvimento de equipamentos, *softwares* etc. se preocupem não só com a adaptação como também com a criação de programas e equipamentos voltados à inclusão.

Fique de olho!

Portaria do Governo Federal publicada no fim de 2013 aumentou de 30 para 250 o número de produtos de tecnologia assistiva que podem ser adquiridos por meio do programa BB Crédito Acessibilidade, do Banco do Brasil. O programa oferece uma linha de crédito com juros baixos para deficientes ou pessoas próximas (como parentes e vizinhos) que queiram comprar um aparelho que se enquadre na lista.

Os produtos contemplados vão desde talheres adaptados e *softwares* de teclados virtuais até elevadores adaptados e impressoras em braile. Os juros variam de 0,57% a 0,64% ao mês e o bem ou serviço pode ser inteiramente financiado, com limite máximo de até R$ 30 mil por pessoa. O prazo para quitação é de 4 a 60 meses. Para acessar a linha de crédito, é preciso ser correntista do Banco do Brasil. Mais detalhes do programa e a lista completa dos produtos podem ser acessados no *link* <http://bit.ly/xwuhMy>.

Já disseminados no exterior, esses produtos começam a se tornar mais presentes no Brasil e no Paraná. O Conselho Regional de Engenharia e Agronomia do Paraná (Crea-PR) iniciou a implantação de centrais de atendimento a surdos com intérpretes virtuais. Em outras frentes, pesquisadores paranaenses desenvolvem aparelhos para garantir vagas de estacionamentos para quem tem deficiência física ou permitir que pessoas tetraplégicas possam navegar na internet.

"Acessibilidade não é só a largura das portas dos banheiros ou rampas no lugar de escadas. É permitir a comunicação, a facilidade no transporte. Nesses casos, a tecnologia pode ser o melhor caminho", afirma o engenheiro-mecânico Sergio Yamawaki.

Fonte: <http://www.gazetadopovo.com.br/vidaecidadania/conteudo.phtml?id=1355949>. Publicado em 22.02.2013.

Vamos recapitular?

Neste capítulo vimos que as tecnologias que criaram as ferrovias, a concentração de mercados urbanos, o surgimento da produção em massa etc. colaboraram e foram forças responsáveis pelo impacto na reestruturação dos negócios, na economia como um todo e, consequentemente, na relação do homem com o seu trabalho. A Tecnologia da Informação (TI) pode ser considerada a mais recente e influente das tecnologias inseridas na sociedade, na inclusão e nas organizações. Agora, o que vale mais é ter formação diversificada, ser versátil, autônomo, conectado e dono de um espírito empreendedor, além de entender que o conhecimento não é um produto como outro qualquer, pois altera as relações de produção: o operário tradicional não detém os meios de produção, ao passo que o "operário do conhecimento" – o intelectual, o técnico ou o especialista – leva sua ferramenta, que é a mente, para onde quer que vá ou esteja. Não há mais como explorar esse trabalhador nos moldes tradicionais do aprisionamento dos corpos dentro da fábrica.

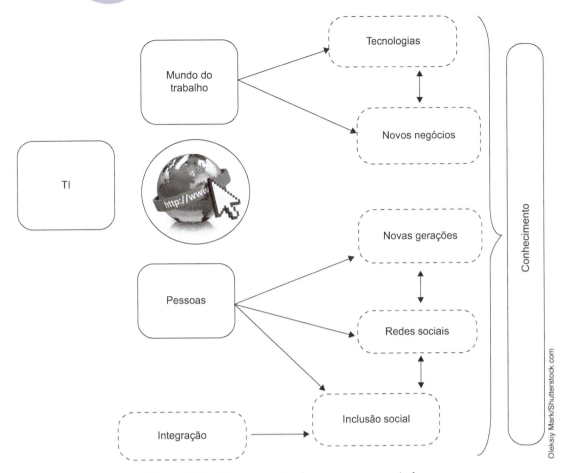

Figura 10.4 - Mapa conceitual que resume o capítulo.

Agora é com você!

1) O que torna os sistemas de informação tão essenciais hoje?

2) Por que as empresas estão investindo tanto em tecnologias e sistemas de informação?

3) Você acredita que a ascensão do desemprego e do trabalho informal foi provocada pela tecnologia automatizada?

4) Você usa a tecnologia para seu crescimento pessoal ou a tecnologia escraviza a sua vida pessoal?

Bibliografia

ALVES, E.F. Programas e ações em qualidade de vida no trabalho. **Revista Interfacehs**. v.6, n.1, artigo, abr. 2011. Disponível em: <http://www3.sp.senac.br/hotsites/blogs/InterfacEHS/wp-content/uploads/2013/08/4_ARTIGO_vol6n1.pdf>. Acesso em: 27 abr. 2014.

AMORIM, A. Invertendo a pirâmide. RH Portal. Disponível em: http://www.rhportal.com.br/artigos/rh.php?idc_cad=w_3wpfyjz>. Acesso em: 20 abr. 2014

ARAÚJO, J.N.G.; MOREIRA, J.O.; ROMAGNOLI, R.C.; VIEIRA, P.; AMORIM, A. **Invertendo a pirâmide**. RH Portal. Disponível em: <http://www.rhportal.com.br/artigos/rh.php?idc_cad=w_3wpfyjz>. Acesso em: 20 abr. 2014.

ARAÚJO, S.R.C. **Efeitos psicofisiológicos de um programa de treinamento físico aeróbio na aptidão física e nos sintomas de indivíduos com transtorno do pânico**. Tese de Doutorado. Universidade Federal de São Paulo. Escola Paulista de Medicina. Programa de Pós-graduação em Psicobiologia. São Paulo, 2005. 134 p.

ARELLANO, E.B. **Programas premiados de qualidade de vida no trabalho no Brasil – mapeamento e análise criticados indicadores e da gestão**. XXXIII Encontro da ANPAD. São Paulo, 2009. Disponível em: <http://www.anpad.org.br/diversos/trabalhos/EnANPAD/enanpad_2009/GPR/2009_GPR2091.pdf>. Acesso em: 30 abr. 2014.

ASSOCIAÇÃO BRASILEIRA DE QUALIDADE DE VIDA – ABQV. **Prêmio Nacional de Qualidade de Vida**. Disponível em <http://www.abqv.com.br/portal/Default.aspx>. Acesso em: 30 abr. 2014.

BARBANTI, V.J. **Dicionário de educação física e esporte.** 2.ed. São Paulo: Manole, 2003.

BARBOSA, D.R. **Estudos para uma história da Psicologia Educacional e Escolar no Brasil.** Tese de Doutorado. Universidade de São Paulo. Instituto de Psicologia. São Paulo, 2011. Disponível em: <http://www.teses.usp.br/teses/disponiveis/47/47131/tde-22072011-163136/pt-br.php>. Acesso em: 26 mar. 2014.

BEAUCHAMP, T.L.; CHILDRESS, J.F. **Princípios da ética biomédica**. São Paulo: Loyola, 2002.

BRASIL. **Decreto n° 3.298**, de 20 de dezembro de 1999. Regulamenta a lei nº 7.853, de 24 de outubro de 1989, dispõe sobre a Política Nacional para a Integração da Pessoa Portadora de Deficiência, consolida as normas de proteção e dá outras providências. Disponível em: <http://www.planalto.gov.br/ccivil_03/decreto/D3298.htm>. Acesso em: 16 mai. 2014.

_____. **Constituição da República Federativa do Brasil**. Brasília, DF: Senado Federal, 1988.

BRASIL. Ministério da Educação (MEC); Secretaria de Educação Continuada, Alfabetização e Diversidade (Secad); Organização das Nações Unidas para a Educação, a Ciência e a Cultura (Unesco). **Educação de Jovens e Adultos**: uma memória contemporânea 1996-2004. Coleção Educação para Todos. Brasília, 2007. v.1, 186 p. Edição eletrônica disponível em: <http://portal.mec.gov.br/index.php?option=com_content&view=article&id=13529%3Acolecao--educacao-para-todos&catid=194%3Asecad-educacao-continuada&Itemid=913>. Acesso em: 11 abr. 2014.

_____. Ministério da Educação (MEC). **Conae**. Documento final. Disponível em: <http://conae.mec.gov.br/images/stories/pdf/pdf/documentos/documento_final_sl.pdf>. Acesso em: 30 mai. 2014.

_____. Ministério da Educação (MEC). Secretaria de Educação Profissional e Tecnológica (Setec). **Programas e ações**. Disponível em: <http://portal.mec.gov.br/index.php?option=com_content&view=article&id=12496&Itemid=800>. Acesso em: 14 abr. 2014.

_____. Ministério da Educação (MEC). Secretaria de Educação Profissional e Tecnológica. Programa Nacional de Integração da Educação Profissional com a Educação Básica na Modalidade de Educação de Jovens e Adultos (Proeja). **Educação Profissional Técnica de Nível Médio/Ensino Médio.** Documento Base. Brasília, ago. 2007. Disponível em: <http://portal.mec.gov.br/setec/arquivos/pdf2/proeja_medio.pdf>. Acesso em: 12 abr. 2014.

_____. Ministério da Educação (MEC). Secretaria de Educação Profissional e Tecnológica. Programa Nacional de Integração da Educação Profissional com a Educação Básica na Modalidade de Educação de Jovens e Adultos (Proeja). **Formação Inicial e Continuada/Ensino Fundamental.** Documento Base. Brasília, ago. 2007. Disponível em: <http://portal.mec.gov.br/setec/arquivos/pdf2/proeja_fundamental_ok.pdf>. Acesso em: 12 abr. 2014.

_____. Ministério da Educação (MEC). Programa Nacional de Acesso ao Ensino Técnico e Emprego (Pronatec). **Cursos gratuitos**. Disponível em: <http://pronatec.mec.gov.br/institucional-90037/cursos-gratuitos>. Acesso em: 1 jun. 2014.

_____. Ministério da Saúde. Secretaria de Atenção à Saúde. Política Nacional de Humanização. Publicações, Áreas Temáticas. **Cadernos HumanizaSUS.** Atenção Básica. v.2. Brasília, 2010. Disponível em: <http://bvsms.saude.gov.br/bvs/humanizacao/pub_destaques.php>. Acesso em: 14 abr. 2014.

_____. Ministério da Saúde. **Cadernos HumanizaSUS.** Formação e intervenção. v.1. Série B: Brasília, 2010. Disponível em: <http://bvsms.saude.gov.br/bvs/publicacoes/cadernos_humanizaSUS.pdf>. Acesso em: 19 abr. 2014.

_____. **HumanizaSUS:** Política Nacional de Humanização. Humanização como eixo norteador das práticas de atenção e gestão em todas as esferas do SUS. Disponível em <http://bvsms.saude.gov.br/bvs/publicacoes/humaniza_sus_marco_teorico.pdf>. Acesso em: 28 abr. 2014.

_____. Ministério da Saúde. Secretaria Executiva. Núcleo Técnico da Política Nacional de Humanização. HumanizaSUS. **Ambiência**. Série B – Textos Básicos de Saúde. Brasília, 2004.

_____. Ministério da Saúde. Secretaria de Políticas da Saúde. Projeto Promoção da Saúde. **As cartas da promoção da saúde**. Série B: Textos básicos em saúde. Brasília: Ministério da Saúde, 2002.

_____. Ministério da Saúde. Secretaria de Atenção à Saúde. Núcleo Técnico de Política Nacional de humanização. HumanizaSUS. Caderno de textos. **Cartilha da Política Nacional de Humanização**. 2.ed. 5.reimp. Série B. Brasília: Editora do Ministério da Saúde, 2010.

_____. Ministério do Trabalho e Emprego (MTE). Institucional. **A história do MTE**. Disponível em: <http://portal.mte.gov.br/institucional/a-historia-do-mte/>. Acesso em: 14 abr. 2014.

_____. Ministério do Trabalho e Emprego (MTE). **Emprego e renda**. Histórico. Disponível em: <http://www3.mte.gov.br/fat/historico.asp>. Acesso em: 30 abr. 2014.

_____. Ministério do Trabalho e Emprego. **Conheça o Plano Nacional de Qualificação** – PNQ. Disponível em: <http://www3.mte.gov.br/pnq/conheca.asp>. Acesso em: 15 abr. 2014.

_____. **Bases de uma nova política de qualificação**. PNQ, 2003. Disponível em: <http://www3.mte.gov.br/pnq/conheca_base.pdf>. Acesso em: 14 abr. 2014.

_____. **Plano Nacional de Qualificação** – **PNQ**. Casa do Trabalhador Brasileiro no Japão. Disponível em: <http://www3.mte.gov.br/casa_japao/qualiprof_historico.pdf>. Acesso em: 15 abr. 2014.

BVS – BIBLIOTECA VIRTUAL EM SAÚDE. **Humanização.** Áreas temáticas BVS-MS. Publicações. Disponível em: <http://bvsms.saude.gov.br/bvs/humanizacao/pub_destaques.php>. Acesso em: 14 mai. 2014.

_____ **Humanização**. Disponível em: <http://bvsms.saude.gov.br/bvs/publicacoes/ acreditacao_hospitalar.pdf>. Acesso em: 01 mai. 2014.

CARDOSO, J.; FERRRAZ, F.T. Sustentabilidade: um novo desafio na cadeia de suprimentos. **VI Congresso Nacional de Excelência em gestão**: energia, inovação, tecnologia e complexidade para a gestão sustentável. Niterói, 2010.

CEPEDA, V.A. Inclusão, democracia e novo-desenvolvimentismo: um balanço histórico. **Estudos avançados**. v.26, n.75. São Paulo, mai/ago, 2012.

CHARNEY, S.; LEO, V.R. **O cinema e a invenção da vida moderna**. 2.ed. e rev. São Paulo: Cosac Naify, 2004.

CORDEIRO, H.T.D. **Perfis de carreira da geração Y**. Dissertação de mestrado. Universidade de São Paulo. Faculdade de Economia, Administração e Contabilidade. São Paulo, 2012. 178 p. Disponível em: <http://www.teses.usp.br/teses/disponiveis/12/12139/tde-07112012-201941/pt-br.php>. Acesso em: 17 abr. 2014.

CORTELA, M.S. **Não nascemos prontos!** Provocações filosóficas. Petrópolis: Vozes, 2006.

COSTA, C. **Sociologia:** introdução à ciência da sociedade. 3.ed. São Paulo: Moderna, 1997.

COUTINHO, C.; LISBÔA, E. Sociedade da informação, do conhecimento e da aprendizagem: desafios para educação no século XXI. **Revista de Educação**, v.XVIII, n.1, 2011, p.5-12. Disponível em: <http://revista.educ.fc.ul.pt/arquivo/vol_XVIII_1/artigo1.pdf>. Acesso em: 4 abr. 2014.

CURY, L. Revisitando Morin: os novos desafios para os educadores. **Revista Eca**. n.1, v.XVII, jan/jun, 2012.

DANTAS, M. **Trabalho com informação**: valor, acumulação, apropriação nas redes do capital. Centro de Filosofia e Ciências Humanas. Escola de Comunicação, UFRJ. Programa de Pós-graduação em Comunicação e Cultura, Rio de Janeiro, 2012. Disponível em: <http://marcosdantas.com.br/ conteudos/wp-content/uploads/2013/03/livro_trabalho_com_informacao_marcos_dantas.pdf>. Acesso em: 2 mai. 2014.

DATASUS/MS. Ano-base, 2008. In: Ministério da Saúde. Secretaria de Atenção à Saúde. Departamento de Ações Pragmáticas e Estratégicas. **Cadernos HumanizaSUS**. Atenção hospitalar, v.s, Brasília, 2011.

DELUIZ, N. Qualificação profissional, trabalho e formação. **Seminário qualificação, trajetória ocupacional e subjetividade**. jun. 2011. Disponível em: <http://www.epsjv.fiocruz.br/upload/d/neise.pdf>. Acesso em: 14 abr. 2014.

DESLANDES. S.F. (org). **Humanização dos cuidados em saúde:** conceitos, dilemas e práticas. Rio de Janeiro: Editora Fiocruz, 2011.

_____. O projeto ético-político da humanização: conceitos, métodos e identidade. **Interface – comunicação, saúde e educação.** v.9, n.17, p.389-406, mar/ago 2005.

DIAS, R. **Introdução à sociologia**. 2.ed. São Paulo: Pearson Prentice Hall, 2010.

DIEESE – Departamento Intersindical de Estatística e Estudos Socioeconômicos. Desindustrialização: conceito e a situação do Brasil. **Nota Técnica**, n.100, jun. 2011. Disponível em: <http://portal.mte.gov.br/data/files/8A7C812D3052393E013055A36C450E9D/dieese_nt100.pdf>. Acesso em 21 abr. 2014.

EXAME.COM. A nova era do capital intelectual. Thomas A. Stewart, 13/08/1997: **Revista Exame**. Edição 642. Disponível em: <http://exame.abril.com.br/revista-exame/edicoes/0642/noticias/a-nova-era-do-capital-intelectual-m0053147>. Acesso em: 2 mai. 2014.

FARIA, C.F. Estado e organizações da sociedade civil no Brasil contemporâneo: construindo uma sinergia positiva .**Rev. Sociol. Polit**. Curitiba. v.18, n.36, p.187-204, jun. 2010.

FEIJÓ, M.C. O garoto selvagem em três tempos: Victor de Aveyron e uma história cultural da inteligência. **Faap.** Facom 18. 2º semestre, 2007. Disponível em <http://www.faap.br/revista_faap/revista_facom/facom_18/martin.pdf>. Acesso em: 25 mar. 2014.

FERREIRA, A.B.H. **Mini Aurélio Século XXI Escolar**. 4.ed. Rio de Janeiro: Nova Fronteira, 2000.

FERRETI, C.J. Considerações sobre a apropriação das noções de qualificação profissional pelos estudos a respeito das relações entre trabalho e educação. Dossiê Globalização e educação: precarização do trabalho docente. **Educação e Sociedade**. v.25, n.87, Campinas. mai/ago. 2004.

FIESP – Federação das Indústrias do Estado de São Paulo. **Custo Brasil e taxa de câmbio na competitividade da indústria de transformação brasileira**. Disponível em: <http://www.fiesp.com.br/arquivo-download/?id=566799>. Acesso em: 30 abr. 2014.

FORTES, P.A.C. Ética, direitos dos usuários e políticas de humanização da atenção à saúde. **Saúde e sociedade.** v.13, n.3. São Paulo, set/dez. 2004. Disponível em: <http://www.scielo.br/scielo.php?pid=S0104-12902004000300004&script=sci_arttext>. Acesso em: 14 abr. 2014.

GALLAHUE, D.L.; OZMUN, J.C. **Compreendendo o desenvolvimento motor:** bebês, crianças, adolescentes e adultos. São Paulo: Phorte, 2001.

GUTIERREZ, G.L.; VILARTA, R.; MENDES, R.T. (Orgs.). **Políticas públicas, qualidade de vida e atividade física**. Campinas: Ipes, 2011.

IBGE – Instituto Brasileiro de Geografia e Estatística. **Classificação Nacional de Atividades Econômicas**. Versão 2.0. Concla – Comissão Nacional de Classificação. Rio de Janeiro, 2007.

IBGE – Instituto Brasileiro de Geografia e Estatística. Disponível em: <http://www.ibge.gov.br/home/>. Acesso em: 30 abr. 2014.

IPEA –Instituto de Pesquisa Econômica Aplicada. Governo Federal. Secretaria de Assuntos Estraté-gicos da Presidência da República. **Situação social brasileira:** monitoramento das condições de vida 1. Brasília, 2011. Disponível em: <http://www.ipea.gov.br/portal/images/stories/PDFs/livros/livros/livro_situacaosocial.pdf >. Acesso em: 12 abr. 2014.

_____. **Brasil Econômico.** Década com mais subemprego. Disponível em: <http://www.ipea.gov.br/portal/index.php?option=com_content&view=article&id=20003&Itemid=75>. Acesso em: 28 abr. 2014.

LANNES, F.; EDMUNDO, K.; DACACH, S. Sistematização de experiências de prevenção à violência contra jovens de espaços populares. **Observatório de Favelas.** Rio de Janeiro, 2009. Disponível em: <http://www.cedaps.org.br/wp-content/uploads/2013/07/Livro-Sistematizacao-de-Experiencias-OF.pdf>. Acesso em: 29 mar. 2014.

LAUDON, K.C. **Sistemas de informações gerenciais**. São Paulo: Pearson Prentice Hall, 2007.

LIMONGI-FRANÇA, A.C. **Qualidade de vida no trabalho - QVT**: conceitos e práticas nas empre-sas da sociedade pós-industrial. 2.ed. São Paulo: Atlas,2007.

_____. Qualidade de vida no trabalho: conceitos, abordagens, inovações e desafios nas empresas brasileiras. **Revista Brasileira de Medicina Psicossomática**. v.1, n.2. Rio de janeiro: Editora Científica Nacional, abr./mai./jun. 1997.

MÂNGIA, E.F. Alienação e trabalho. **Rev. Ter. Ocup. Univ. São Paulo**, v.14, n.1, p. 34-42, jan./abr. 2003.

MAYO, A. **O valor humano da empresa:** valorização das pessoas como ativos. (Tradução de Julia Maria Pereira Torres). São Paulo: Prentice Hall, 2003.

MARX, K. **O capital**. v.1. São Paulo: Abril Cultural, 1983.

MEDEIROS, A. **Programas e ações de apoio à economia solidária e geração de trabalho e renda no âmbito do governo federal – 2005**. Relatório final do convênio MTE/Ipea/Anpec – 01/2003. Disponível em: <http://www3.mte.gov.br/ecosolidaria/pub_geracao_trabalho_renda_gf.pdf>. Acesso em: 16 abr. 2014.

MELO, P., **Innovation and firm's interaction behaviour: Is innovation associated with local or non-local interactions?** An investigation of clustered micro and small technology-based firms in Bra-zil [PhD Thesis]. Ireland: School of Business of the Waterford Institute of Technology (WIT), 2011.

MENDES, F.A.T.; LIMA, E.L. **Perfil agroindustrial do processamento de amêndoas de cacau em pequena escala no estado do Pará**. Belém: Sebrae/PA, 2007. Disponível em: <http://www.ceplacpa.gov.br/site/wp-content/uploads/2011/06/Perfil%20Agroindustrial-%20proces-samento%20do%20cacau.pdf>. Acesso em: 10 abr. 2014.

MIRANDA, A.L.C. **Conlangs: línguas construídas em tempos de Internet. Dissertação de Mes-trado**. Universidade Anhembi Morumbi. São Paulo, 2010. 66 p.

MIRANDA, A.L.C. **Conlangs: línguas construídas em tempos de Internet.** UNOPAR Cient. Human.Educ., Londrina, v.11, n.2, p.23-31, Out. 2010. Disponível em: <http://revistas.unopar.br/index.php/humanas/article/view/673>. Acesso em: 15 mai. 2014.

MICROSOFT. **Sobre a Microsoft**. Disponível em: <http://www.microsoft.com/pt-br/about/nossa-companhia.aspx>. Acesso em: 5 mai. 2014.

Bibliografia

MONTANARI, R.L. et al. A maturidade e o desempenho das equipes no ambiente produtivo. Maturity and performance of teams in the production environment. **Gestão e produção**. v.18, n.2. São Carlos, 2011. Disponível em: <http://www.scielo.br/scielo.php?pid=S0104530X2011000200011& script=sci_arttext>. Acesso em: 1 abr. 2014.

MORAES, M.C. **O paradigma educacional emergente**. PUC-SP. Disponível em: <http://www.ub.edu/sentipensar/pdf/candida/paradigma_emergente.pdf>. Acesso em: 28 mar. 2014.

MORORÓ, R.C. **Agroindústria como alternativa de agregação de valores**. Comissão Executiva do Plano da Lavoura Cacaueira (Ceplac). s/d. Disponível em: <http://www.ceplac.gov.br/radar/Artigos/artigo18.htm>. Acesso em: 10 abr. 2014.

NEUTE, F. **Eu, Fernanda Neute, nômade digital.** Ou como coloquei meu escritório na praia. 2014. Disponível em: <http://gizmodo.uol.com.br/nomades-digitais/>. Acesso em: 5 mai. 2014.

OIT – Organização Internacional do Trabalho. **Normas internacionais do trabalho sobre reabilitação profissional e emprego de pessoas portadoras de deficiência**. Brasília: Coordenadoria Nacional para Integração da Pessoa Portadora de Deficiência (Corde)/Ministério da Justiça, 1997.

OLIVEIRA, D.P.R. **Sistemas de informações gerenciais**: estratégicas, táticas, operacionais. 12.ed. São Paulo: Atlas, 2008.

OLIVEIRA, S. **Geração Y**: o nascimento de uma nova versão de líderes. São Paulo: Integrate Editora, 2010.

ONA – **Organização Nacional de Acreditação**. Disponível em: <https://www.ona.org.br/Pagina/20/Conheca-a-ONA>. Acesso em: 1 mai. 2014.

ONU – ORGANIZAÇÃO DAS NAÇÕES UNIDAS. **A ONU e a população mundial**. Disponível em: <http://www.onu.org.br/a-onu-em-acao/a-onu-em-acao/a-onu-e-a-populacao-mundial/>. Acesso em: 11 abr. 2014.

_____. **População mundial deve atingir 96 bilhões de pessoas em** 2050. Disponível em: <http://www.onu.org.br/populacao-mundial-deve-atingir-96-bilhoes-em-2050-diz-novo-relatorio--da-onu/>. Acesso em: 11 abr. 2014.

ONU-BR – Organização das Nações Unidas do Brasil. **A ONU e a sociedade civil**. Disponível em: <http://www.onu.org.br/a-onu-em-acao/a-onu-e-a-sociedade-civil/>. Acesso em: 30 mai. 2014.

OPAS-OMS – Organização Pan-Americana da Saúde. **Qualidade de vida no trabalho**. s/d. Ações de Promoção da saúde, bem-estar social e qualidade de vida na OPAS/OMS no Brasil. Disponível em: <http://www.paho.org/bra/index.php?option=com_content&view=article&id=1394&Itemid=694>. Acesso em: 30 abr. 2014.

OUTHWAITE, W.; BOTTOMORE, T. **Dicionário do pensamento social do século XX**. Rio de Janeiro: Zahar, 1996.

PAPALIA, D.E.; OLDS, S.W.; FELDMAN, R.D. **Desenvolvimento humano**. 10.ed. São Paulo: McGraw-Hill Interamericana do Brasil, 2009.

PEARSON. **The learning curve.** Education and skills for life. 2014 Report. London: The Economist Intelligence Unit, 2014.

PEREIRA, G.A.; COSTA, N.M.V.N.; MACIEL, V. de A. Mudanças na organização científica do trabalho e na educação: qual a relação? **Revista Tecnologia e Sociedade**. n.6, 1º semestre.

Curitiba, 2008. Disponível em: <http://files.dirppg.ct.utfpr.edu.br/ppgte/revistatecnologiaesociedade/revista_06.htm>. Acesso em: 1 mai. 2014.

PINTO, G.A. Qualificação e organização flexível do trabalho: elementos para um olhar crítico. **Revista Tecnologia e Sociedade**, n.6. Curitiba, out. 2008. Disponível em: <http://files.dirppg.ct.utfpr.edu.br/ppgte/revistatecnologiaesociedade/rev06/03_qualificacao_e_organicacao_flexivel_do_trabalho.pdf>. Acesso em: 1 mai. 2014.

PNUD BRASIL – Programa das Nações Unidas para o Desenvolvimento. Disponível em: <http://www.pnud.org.br/SobrePNUD.aspx>. Acesso em: 30 mai. 2014.

_____. **O que é o IDH?** Disponível em: <http://www.pnud.org.br/IDH/IDH.aspx?indiceAccordion=0&li=li_IDH>. Acesso em: 30 abr. 2014.

RAMIRES, J.Z.S. **Áreas contaminadas e os riscos socioambientais em São Paulo**. Faculdade de Filosofia, Letras e Ciências Humanas. Departamento de Geografia. Universidade de São Paulo. São Paulo, 2008. Dissertação de Mestrado. Disponível em <http://www.teses.usp.br/Downloads/DISSERTACAO_JANE_ZILDA_SANTOS_RAMIRES.pdf>. Acesso em: mar. 2014.

REDE GLOBO. Veja as características que marcam as gerações 'baby boomer', X, Y e Z: Entenda a evolução do comportamento dos jovens desde a década de 1960. **Globo Ciência**. 05.10.2013 – Atualizado em 15.03.2014. Disponível em: <http://redeglobo.globo.com/globociencia/noticia/2013/10/veja-caracteristicas-que-marcam-geracoes-baby-boomer-x-y-e-z.html>. Acesso em: 10 abr. 2014.

ROMÃO, W.M. Entre a sociedade civil e a sociedade políticas. **Novos Estudos** - Cebrap. n.87. São Paulo, jul. 2010.

SABOYA, M.C.L. O enigma de KasparHauser (1812?-1833): uma abordagem psicossocial. **Psicol. USP**. v.12. n.2. São Paulo, 2001.

SARTORI, R.; PEREIRA, M.F.; TUBINO, D.F. Utilização da internet pelas empresas sob ótica de websites. **Revista Cesumar - Ciências Humanas e Sociais Aplicadas**, v.11, n. 2, jul./dez. 2006, pp. 225-250.

SANTOS, C.F.; ARIENTE, M.; DINIZ, M.V.C. **O processo evolutivo entre as gerações X, Y e Baby Boomers**. XIV SemeAd. Seminários em Administração. out. 2011. Disponível em: <http://www.ead.fea.usp.br/semead/14semead/resultado/trabalhosPDF/221.pdf>. Acesso em: 10 abr. 2014.

SANTOS, E.A. Qualificação & trabalho: reflexões sob a ótica da globalização. **REDD – Revista Espaço de Diálogo e Desconexão**, Araraquara. v.2. n.2, jan./jul. 2010.

SAVIANI, D. **Sistema de educação**: subsídios para a conferência nacional de educação. Disponível em:<http://portais.seed.se.gov.br/sistemas/portal/arquivos/p14-499_conae_dermevalsaviani.pdf>. Acesso em: 4 abr. 2014.

SCIGLIANO, A.A. **Noções de macroeconomia**. São Paulo: Esfera, 2010.

SEBRAE – Serviço Brasileiro de Apoio às Micro e Pequenas Empresas. **Atendimento.** Disponível em: <http://www.sebrae.com.br/atendimento>. Acesso em: 10 mai. 2014.

_____. **Microempreendedor individual**. Disponível em: <http://www.sebrae.com.br/sites/
PortalSebrae/sebraeaz/Microempreendedor-Individual-conta-com-o-Sebrae>.
Acesso em: 10 mai. 2014.

SESI/UNESCO. CONFINTEA. Conferência Internacional Sobre a Educação de Adultos.
Declaração de Hamburgo: Agenda para o Futuro. Hamburgo, Alemanha:

Sesi/Unesco, 1999. Disponível em: <http://unesdoc.unesco.org/images/0012/001297/
129773porb.pdf>. Acesso em: 14 abr. 2014.

SILVA, M.R. **Experimentando Goethe:** o romance "Os anos de aprendizado" de Wilhelm Meister
como desencadeador de reflexão e humanização num cenário de formação humanística na área da
saúde. Universidade Federal de São Paulo. São Paulo, 2013. 156p. Dissertação de Mestrado. Disponível em: <http://www.unifesp.br/centros/cehfi/documentos/dissert_revis_final_marlon.pdf>.
Acesso em: 15 abr. 2014.

SILVA, R.O. **Teorias da administração**. São Paulo: Pioneira, 2001.

SINGER, P. **A economia solidária no governo federal**. Ministério do Trabalho e Emprego.
<http://www3.mte.gov.br/ecosolidaria/conf_textopaulsinger.pdf>. Acesso em: 28 abr. 2014.

SOMERA, E.A.S.; SOMERA JÚNIOR, R.; RONDINA, J.M. **Arq. Ciênc. Saúde.** abr-jun. 2010,
n.17, v.2, p.102-8. Disponível em: <http://www.cienciasdasaude.famerp.br/racs_ol/vol-17-2/
IDO7_ABR_JUN_2010.pdf>. Acesso em: 29 mar. 2014.

SOUZA, V.B.A. **Relações públicas e inteligência profissional:** a complexidade interdisciplinar
viva. ALAIC - Asociación Latinoamericana de Investigadores de la Comunicación. Disponível em:
<http://www.eca.usp.br/associa/alaic/boletin11/cintia.htm>. Acesso em: 24 mar. 2014.

UNESCO. The United Nations World Water Development Report 2014. **Waterand Energy**. v.1, p.2.
Disponível em: <http://unesdoc.unesco.org/images/0022/002257/225741e.pdf>. Acesso em: 11 abr.
2014.

_____. **Relatório das Nações Unidas adverte que a crescente demanda de energia afetará os
recursos de água potável**. Unescopress 21.03.2014. Disponível em: <http://www.unesco.org/new/pt/
brasilia/about-this-office/singleview/news/united_nations_report_warns_rising_energy_demand_
will_stress_fresh_water_resources/#.U0lP11VdVZg>. Acesso em: 11 abr. 2014.

UNFPA-BRASIL. Disponível em: <http://www.unfpa.org.br/novo//index.php>. Acesso em:
11 abr. 2014.

_____. **UNLaunches ICPD Beyond2014 Global Review Report**. Disponível em:
<https://www.unfpa.org/public/home/sitemap/ICPDReport>. Acesso em: 11 abr. 2014.

UOL. Olhar Digital. **Conheça 8 profissões promissoras na área de tecnologia**. 23.12.2013.
Disponível em: <http://olhardigital.uol.com.br/pro/noticia/39514/39514>. Acesso em: 11 mai. 2014.

VILLAVICENZIO, D. **Por uma definición de lacalificación de los trabajadores.**
Trabalho apresentado no 4º Congreso Español de Sociologia, Madrid, 1992.

WARNER BROS. **O contador de histórias**. Disponível em: <http://wwws.br.warnerbros.com/
ocontadordehistorias/site/?>. Acesso em: 30 abr. 2014.